COMMON WEEDS OF EAST AFRICA/
MAGUGU YA AFRIKA MASHARIKI

Common weeds of East Africa/ Magugu ya Afrika Mashariki

by

P.J. Terry
Weed Research Division
Long Ashton Research Station
University of Bristol

and

R.W. Michieka
Department of Crop Science
University of Nairobi

FOOD AND AGRICULTURE ORGANIZATION
OF THE UNITED NATIONS
Rome, 1987

David Lubin Memorial Library Cataloguing in Publication Data

Terry, P.J.
    Common weeds of East Africa.

1. Weeds.   2. East Africa.
I. Michieka, R.W.

FAO code: 14   AGRIS: H60   1987
ISBN 92-5-002420-0

iv

Contents/Yaliyomo

Introduction

This book is published as a result of a recommendation made at the First Session of the FAO Panel of Experts on Improved Weed Management held in Nairobi in April 1984. It is intended to be a contribution toward the much-needed action programme to recognize and control weeds in developing countries.

Weeds are among the most underestimated pests, especially in Africa where they cause average crop losses of 30 percent or more. Perhaps this is because weeds, unlike insects and disease, often cause few obvious symptoms of damage prior to harvest, and possibly also because of a fatalistic attitude that weeds will always be present. Few countries in the developing world have invested in adequate research on, nor in the development of, appropriate methods to control weeds, yet these pests play a significant role in determining income from cash crops (including much-needed foreign exchange), the poverty of small-scale farmers, and the social fabric of rural Africa.

The species in this book were selected because they are common or serious pests in Kenya, Tanzania or Uganda, often — but not necessarily — found in all three countries. Inflorescences are shown in colour photographs, while other diagnostic features, such as the leaf shape in dicots, leaf tips in grasses and sedges, ligules in grasses and the perennating organs of some species, are displayed in line drawings. The seedlings of most species are also illustrated because recognition at this stage can be important in the adoption of suitable control measures. The plants are described as accurately and concisely as possible using technical terms which are explained in the glossary. Vernacular names have been compiled from several sources: English names are indicated by (E), others by their tribal origins. Distributions of weeds within East Africa are referred to by the notation used in *Flora of tropical East Africa* to indicate geographical divisions of the region (see map on page 1).

Where no heading appears in an entry, it may be assumed that such information either does not pertain or is not known to the authors.

A bibliography of helpful literature is provided giving more information on the biology, distribution and control of weeds in East Africa. Weed specimens should be sent to one of the following herbaria when positive identification is required:

The Kenya Herbarium
P.O. Box 45166
Nairobi, Kenya

The Herbarium
Tropical Pesticides Research Institute
P.O. Box 3024
Arusha, Tanzania

The Makerere Herbarium
P O Box 7062
Kampala, Uganda

This book is a small contribution to the better understanding of weeds in East Africa. It is intended to complement, not replace, other literature on weeds and their control in the region and, by virtue of its free and widespread distribution, to bring enlightenment to many who have little or no access to literature on the identification of these important pests.

* * * * * * * * * *

Dibaji

Kitabu hiki kimechapishwa kutokana na mapendekezo yaliyotolewa katika mkutano wa FAO uliofanyika Nairobi Aprili, 1984. Kinakusudiwa kuwa ni mchango kwa mipango inayotakiwa katika kutambua na kuzuia magugu katika nchi zinazoendelea.

Hasara inayoletwa kutokana na magugu katika nchi za Afrika hupita 30% au zaidi. Hasara inayotokana na wadudu na magonjwa ya mimea imepata uangalifu zaidi kushinda ile inayoletwa na magugu pengine kwa sababu dalili zinazoambatana na magonjwa au wadudu huonekana kwa uwazi kuliko zile zinazoletwa na magugu. Nchi chache kati ya zile zinazoendelea zinajaribu kufanya uchunguzi kuzuia magugu.

Aina za magugu yanayozungumzwa katika kitabu hiki ni baadhi ya yale yanayapatikana nchini Kenya, Tanzania na Uganda. Maua yameonyeshwa kwa picha zenye rangi na umbo la majani kwa kielelezo cha kuchorwa. Miche ya mimea mingi pia imeonyeshwa kwa kuwa miche inasaidia kutambua magugu wakati wa kuamua njia iliyo bora kwa kuzuia magugu haya. Maelezo zaidi yamo katika faharasa (glossary). Majina ya kawaida yaliyotajwa ni ya kiingereza na lugha nyinginezo za Afrika ya Mashariki. Maenezi ya magugu katika Afrika ya Mashariki yametajwa kufuata mfano uliotumiwa katika kitabu cha *Flora of tropical East Africa* ambao unaonyesha mgawanyo wa mimea katika mikoa mbali mbali (ona ramani ukurasa 1).

Pale ambapo hakuna kichwa cha maneno, inaweza kuchukuliwa kuwa aidha hakuna jambo maalumu au waandishi hawana ujuzi na jambo hilo.

Maelezo zaidi kuhusu mtawanyo na uzuiaji wa magugu Afrika Mashariki yanapatikana katika vitabu vinavyohusu magugu ya sehemu hiyo. Kwa maelezo zaidi kuhusu utambulishi wa magugu, tuma sampuli ya magugu hayo kwa:

The Kenya Herbarium
P O Box 45166
Nairobi, Kenya

The Herbarium
Tropical Pesticides Research Institute
P O Box 3024
Arusha, Tanzania

The Makerere Herbarium
P O Box 7062
Kampala, Uganda

Kitabu hiki ni mchango kidogo kwa ajili ya kuyatambua zaidi magugu ya Afrika Mashariki. Kinakusudiwa kuwa ni kimojawapo na siyo badili ya vitabu vya magugu vilivyopo. Kwa kuwa kinatolewa bure kitabu hiki kitawawezesha watu wengi kukitumia kwa kutambulishia magugu.

Acknowledgements

The descriptions of weeds in this book are largely based on those in *Flora of tropical East Africa* and to some extent on the publications by Agnew, Ivens, Napper and others cited in the bibliography.

Most of the line drawings and photographs in this book are original; the following are reproduced with permission:

- culm base on page 105 and map on page 1 British Crown Copyright, reproduced with permission of the Controller, Her Majesty's Stationery Office and the Trustees of the Royal Botanic Gardens, Kew.
- photographs on pages 69, 75, 87, 101, 111, 139, 147 and 161 are reproduced from *Some common crop weeds of West Africa and their control* by courtesy of the United States Agency for International Development.

The illustrations of sedges on pages 61, 65, 67 and 71 are based on line drawings by Mrs H. Broad which were published in the *East African Agriculture and Forestry Journal*, 42(1976), 231-49.

The Kenya Ministry of Agriculture and Livestock Development kindly approved visits to the Coffee Research Station (Ruiru), the National Plant Breeding Station (Njoro) and the Kenya Agricultural Research Institute (Muguga) to collect material and take photographs. Visits were also made to the Kabete campus of the University of Nairobi, Egerton College, and to various farms. The Kenya Herbarium provided invaluable assistance and help was also given by the herbarium of the Royal Botanic Gardens, Kew. Mr David Campbell, Overseas Development Administration technical cooperation officer of the Agricultural Information Centre, Nairobi, advised on the printing format and was particularly helpful in providing transport in Kenya. Thanks are due to Mr H.M. Saha for helping with the Kiswahili translation, to Mr H. Mongi of FAO for his invaluable assistance in reviewing the translation, and to Mr R. Chenoweth for designing the cover.

To our sponsors, colleagues and all individuals who supported our efforts, we offer sincere thanks.

* * * * * * * * * *

Shukrani

Maelezo juu ya magugu yaliyo katika kitabu yametokana zaidi na yale yaliyomo katika kitabu cha *Mimea ya Afrika Mashariki* na pia maandishi ya Agnew, Ivens, Napper na wengine ambao wametajwa katika faharasa. Michoro na picha nyingi ni za binafsi lakini zingine zimetolewa kwa idhini ya watungaji wengine.

Wizara ya Kilimo na Mifugo, Kenya, ilitoa ruhusa kuzuru Kituo cha uchunguzi cha Kahawa, Ruiru, National Plant Breeding Station, Njoro, na Kenya Agricultural Research Institute, Muguga, ambako kulikusanywa habari nyingi na kupiga picha. Ziara zingine zilifanywa katika Chuo Kikuu cha Nairobi, Kabete, chuo cha Egerton na mashamba mbali mbali. Misaada mingine muhimu ilitolewa na Kenya Herbarium, Nairobi na Royal Botanic Gardens, Kew. Bw David Campbell, Afisa Ushirikiano wa Taasisi ya Habari za Kilimo, ODA, ambaye alishauri juu ya uchapishaji, na Bw H.M. Saha ambaye alisaidia kutafsiri.

Shukrani kwa wadhamini na wenzetu waliotusaidia kibinafsi.

Geographical divisions of East Africa/
Mikoa ya kijiografia Afrika Mashariki

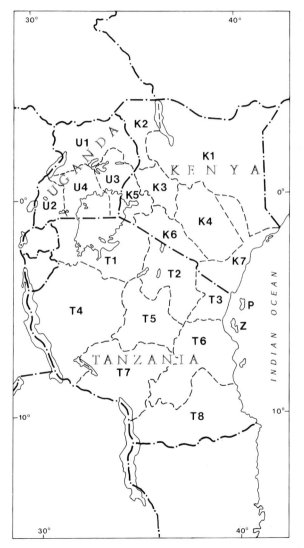

Asystasia schimperi T. Anders.

Acanthaceae

Common names/Majina ya kawaida: acwer (Acholi), atipa (Luo), ejotot malakao (Ateso), ttemba (Luganda)

Annual herb (rarely perennating), common as a weed of arable land, tree crops and at roadsides. **Root:** a tap-root. **Stem:** erect or scrambling, up to 30 cm high (sometimes higher), much branched, hairy. **Leaves:** opposite, obovate to elliptic, with stalks, hairy. **Inflorescence:** terminal spike of white flowers of which only 1-3 per spike are usually open at any time; corolla funnel shaped, up to 14 mm long, often with green or brown markings on the lobes; bracts surrounding the flower are longer and broader than the sepals; no flower stalk. **Fruit:** a capsule, splitting when ripe to release 1-4 seeds. **Seeds:** rough, flattened and irregularly shaped, about 4 mm long, ornamented, light to dark brown. **Propagation:** by seed.

Distribution: widespread at low and medium altitudes in East Africa (K1,3-7; T1-3; U1-4); also present in Burundi, Ethiopia and Somalia.

Closely related weed: *A. gangetica* (L.) T. Anders. (flowers with short stalks; bracts narrower than sepals).

* * * * * * * * * *

Gugu linaloishi kwa muda wa mwaka mmoja. Kwa kawaida hupatikana kati ya mimea inayokuzwa mashambani na kando ya barabara. **Mzizi:** lina mzizi mkuu. **Shina:** huota kiwimawima au kutambaa, lina urefu upatao 30 cm au zaidi, lina matawi mengi. **Majani:** huota yakielekeana mawili mawili. **Maua:** masuke yanayoota katika vilele vya matawi, yenye maua meupe yanayofikia urefu 14 mm. Kila suke lina maua yanayotimu matatu yakiwa yamechanua kwa wakati mmoja; hayana kishikio. **Tunda:** gamba lenye mbegu zinazotimu nne, hupasuka linapokomaa. **Mtawanyiko:** kwa njia ya mbegu.

Maenezi: limeenea zaidi katika Afrika ya Mashariki (K1,3-7; T1-3; U1-4); pia linapatikana Burundi, Ethiopia na Somalia.

Gugu hili linafanana na: *A. gangetica* (L.) T. Anders.

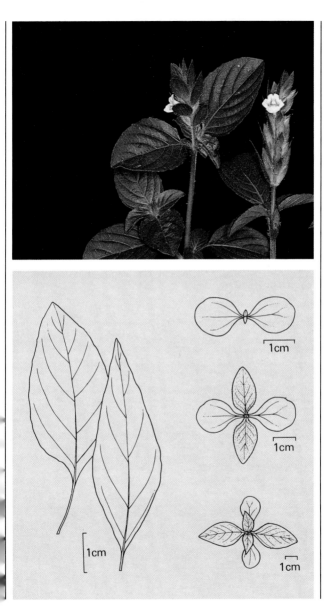

3

Amaranthus graecizans L.

Amaranthaceae

Synonym/Kwa jina jingine: *Amaranthus angustifolius* Lam.

Common names/Majina ya kawaida: emboga (Ekegusii), mbogi (Luganda), ototo (Ekegusii), terere (Kikuyu)

Annual herb, common as a weed of arable land at medium altitudes. **Root:** a tap-root. **Stem:** erect or decumbent, up to 70 cm high, with few or no hairs. **Leaves:** variable from elliptic to obovate, up to 4 cm long and 2 cm wide, with a finely undulate margin, tapering into the leaf stalk. **Inflorescence:** flower clusters up to 5 mm in diameter, always in leaf axils; perianth members (sepals) on female flower 3, 1-1.5 mm long with very short, pointed tips. **Fruit:** a capsule, splitting around the middle. **Seeds:** lens shaped, 1.5 mm in diameter, shiny black, sharp edged. **Propagation:** by seed.

Distribution: widespread from 300-1 790 m in East Africa (K4,5,7; T1,3-8; U4); also present in Ethiopia, Malawi, Rwanda, the Sudan and Zambia.

Closely related weeds: *A. dubius* Mart. (leaves to tip of raceme; sepals of female flower 5, blunt tipped), *A. lividus* L. (raceme leafless near apex; sepals of female flower 3; leaf apex bilobed), *A. spinosus* L. (raceme leafless near apex; sepals 5 with spiny tips; paired spines at bases of leaves), *A. thunbergii* Moq. (raceme leafy to the tip; sepals 3 with a long point at the tip; plant usually sprawling on the ground). See also *A. hybridus*.

* * * * * * * * * * *

Gugu linaloishi kwa muda usiozidi mwaka mmoja; ni gugu la kawaida katika ardhi zinazolimika. **Mzizi:** lina mzizi mkuu. **Shina:** hukua kiwimawima na hufukia urefu wa 70 cm. **Majani:** yana urefu unaofikia 4 cm na upana wa 2 cm. **Maua:** mashada ya maua hufikia upana wa 5 mm, huwa yanaota kwenye makwapa ya majani. **Tunda:** gamba lenye mbegu, hupasuka katika sehemu yake ya katikati. **Mbegu:** zina upana wa 1.5 mm, ni nyeusi. **Mtawanyiko:** gugu hili hutawanyika kwa njia ya mbegu.

Maenezi: limeenea zaidi katika Africa ya Mashariki (K4,5,7; T1,3-8; U4), zenye urefu wa 300-1 790 m; pia limeenea Ethiopia, Malawi, Rwanda, Sudan na Zambia.

Gugu hili linafanana na: *A. dubius* Mart., *A. lividus* L., *A. spinosus* L., *A. thunbergii* Moq. (gugu huwa linalala chini).

4

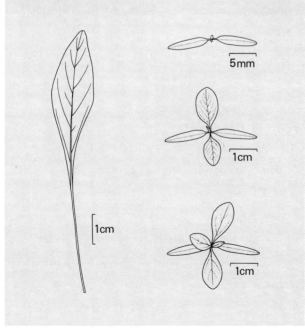

Amaranthus hybridus L.

Amaranthaceae

Synonym/Kwa jina jingine: *Amaranthus hypochondriacus* L.

Common names/Majina ya kawaida: enyaru-olmuaate (Masai), ototo (Ekegusii), smooth pigweed (E), terere (Kikuyu)

Annual herb, common as a weed of all crops in the highlands; used as a vegetable. **Root:** a deep tap-root. **Stem:** erect, up to 150 cm high, much branched, smooth, sparsely hairy, ribbed, often green but sometimes wholly or partly red. **Leaves:** alternate, lanceolate to ovate, up to 6 cm long and 3 cm wide, tapering at the base into a stalk up to 5 cm long. **Inflorescence:** raceme spikelike, slender (less than 1 cm wide), leafless toward the tip; flowers small, approximately 2 mm across, in dense clusters, male flowers at the apex of the raceme with female flowers below; perianth members (sepals) 5, with pointed tips. **Fruit:** a capsule, splitting around the middle. **Seeds:** lens shaped, about 1 mm wide, shiny black. **Propagation:** by seed.

Distribution: widespread in the highlands (900-2 210 m) of East Africa (K3-6; T2,3,7,8; U2,4); also present in Ethiopia, Malawi and Zambia.

Closely related weeds: *A. hybridus* occurs as two subspecies, *hybridus* and *incurvatus*, but the latter is rather rare. See also *A. graecizans*.

* * * * * * * * * *

Gugu linaloishi kwa muda usiozidi mwaka mmoja, kawaida humea kati ya aina zote za mimea; hutumika kama mboga. **Mzizi:** lina mzizi mkuu wenye kina kirefu. **Shina:** hukua kiwimawima na hufikia urefu wa 150 cm; lina matawi mengi; ni laini na lina singa zilizotawanyika; mara nyingi huwa na rangi ya kijani lakini nyakati zingine huwa na rangi nyekundu. **Majani:** huota yakifuatana moja baada ya moja; yana urefu unaofikia 6 cm na upana wa 3 cm. **Maua:** ni madogo, yana upana upatao 2 mm; maua haya madogo yako kwenye mashada. **Tunda:** gamba lenye mbegu, hupasuka katika sehemu yake ya katikati. **Mbegu:** zina upana wa 1 mm na ni nyeusi. **Mtawanyiko:** gugu hili hutawanyika kwa njia ya mbegu.

Maenezi: limeenea zaidi katika Afrika ya Mashariki (K3-6; T2,3,7,8; U2,4), zenye urefu wa 900-2 100 m; pia linapatikana Ethiopia, Malawi na Zambia.

Gugu hili linafanana na: *A. hybridus* nalo hupatikana kwa aina mbili, *hybridus* na *incurvatus*, lakini *incurvatus* ni adimu. Angalia *A. graecizans*.

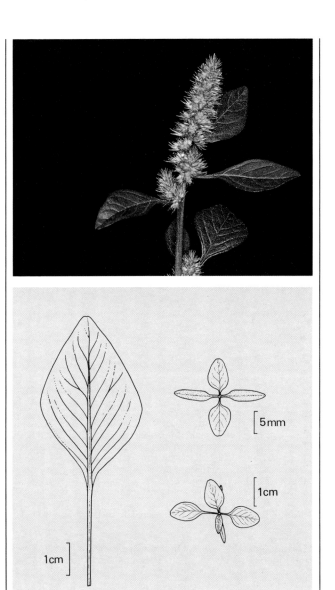

Trichodesma zeylanicum (L.) R. Br.

Boraginaceae

Common names/Majina ya kawaida: eileili (Ateso), Kuenstler bush (E), late weed (E), machacha (Voi), magundulu (Sukuma), nyalak-dede (Luo)

Erect herb, locally common as a weed of arable crops such as beans, groundnuts, maize and sorghum. Germination occurs very late in the season, sometimes after the crop has been harvested, and may affect soil moisture during the dry fallow season and subsequent land preparation. **Root:** a tap-root. **Stem:** erect, up to 120 cm high, branched, rough and hairy. **Leaves:** opposite near base of plant, becoming alternate near top, ovate to lanceolate, up to 12 cm long, covered with stiff hairs, tapered at base but with little or no stalk; veins prominent on under-side. **Inflorescence:** flowers pale blue to white, 12 mm in diameter, borne on long stalks from the leaf axils to form a loose panicle; petals 5, fused in a bell shape; calyx hairy, 5-lobed, swelling around the fruit. **Fruit:** nutlets 4, single seeded, grey. **Propagation:** by seed.

Distribution: widespread from 0-1 300 m in East Africa (K2,4,5,7; T1-8; U1-4); also present in Ethiopia, Malawi and Zambia.

* * * * * * * * * *

Ni gugu la kawaida kwenye mimea kama maharagwe, karanga, mahindi na wimbi; mara nyingine gugu hili humea baada ya mimea kuvunwa. **Mzizi:** lina mzizi mkuu. **Shina:** hukua kiwimawima na hufikia urefu wa 120 cm, lina matawi, linakwaruza na lina singa. **Majani:** katika sehemu ya chini ya shina majani huota mawili-mawili yakielekeana; katika sehemu za juu za shina majani hufuatana moja baada ya moja; hufikia urefu wa 12 cm; yana singa nyingi ngumu. **Maua:** yana rangi nyeupe na yana upana wa 12 mm; yanaota katika tagaa zinazotoka kwenye makwapa ya majani; kila ua lina majani matano ya ua, yaliyoungana pamoja kutoa umbo la kengele. **Tunda:** lina rangi ya kijivu. **Mtawanyiko:** gugu hili hutawanyika kwa njia ya mbegu.

Maenezi: limeenea katika Afrika ya Mashariki (K2,4,5,7; T1-8; U1-4) kutoka pwani hadi katika sehemu zenye urefu wa 1 300 m; pia linapatikana Ethiopia, Malawi na Zambia.

9

Gynandropsis gynandra (L.) Briq.

Capparaceae

Synonyms/Majina mengine: *Cleome gynandra* L., *Gynandropsis pentaphylla* DC.

Common names/Majina ya kawaida: akeyo (Acholi, Lango, Luo), chinsaga (Ekegusii), dek (Luo), ecaboi (Ateso), ejjobyo (Luganda), eshogi (Runyankore, Rukiga), eyobyo (Lunyoro, Lutoro), mchicha (Kiswahili), sake (Kamba), spider flower (E)

Annual herb, common in waste and arable land throughout the region; used as a vegetable. **Root:** a tap-root. **Stem:** erect, up to 90 cm high, much branched, covered in sticky, glandular hairs. **Leaves:** alternate, on stalks 3-11 cm long, palmately compound with 5 (or sometimes 3-4) sessile, obovate, leaflets up to 10 cm long, with entire or finely toothed margins. **Inflorescence:** a terminal raceme bearing stalked flowers which arise singly in the axils of small, leafy bracts; flowers white or pale pink, about 2.5 cm across; petals 4, up to 1.8 cm long; sepals 4, up to 8 mm long; stamens 6 with long purple filaments in the older flowers. **Fruit:** a capsule, up to 12 cm long and 8 mm wide, spindle shaped, splitting lengthways. **Seeds:** round, about 1.5 mm in diameter. **Propagation:** by seed.

Distribution: widespread from 0-2 400 m in East Africa (K1-7; T1-8,Z; U1-4); also present in Ethiopia, Malawi, Rwanda, the Sudan and Zambia.

Closely related weeds: *Cleome hirta* (Klotzsch) Oliv. (leaves with 5-9 leaflets; petals purplish or pink), *C. monophylla* L. (leaves undivided, narrowly oblong; petals pink or mauve), *C. schimperi* Pax (all leaves with 3 leaflets; petals pink).

* * * * * * * * * *

Gugu linaloishi kwa muda usiozidi mwaka mmoja, linapatikana katika ardhi inayolimwa na ardhi isiyotumiwa; linatumiwa kama mboga. **Mzizi:** lina mzizi mkuu. **Shina:** hukua kiuwimawima kufikia urefu wa 90 cm, lina matawi mengi, huwa na singa zinazonata. **Majani:** hukua yakifuatana moja baada ya moja; kila jani hugawanyika katika sehemu tano (mara nyingine sehemu tatu ama nne) zenye urefu unaofikia 10 cm, mara nyingine huwa menomeno kwenye kingo zake. **Maua:** huota katika kilele cha shina au tawi, yana rangi nyeupe au nyekundu, upana wa ua wapata 2.5 cm; kila ua lina majani manne ya ua yenye urefu unaofikia 1.8 cm, vijani vinne vya shikio la ua vyenye urefu unaofikia 8 mm, sehemu sita zenye mbelewele. **Tunda:** gamba lenye mbegu, lina urefu unaofikia 12 cm na upana wa 8 mm, hupasuka kwa kirefu. **Mbegu:** mviringo, ukubwa karibu 1.5 mm. **Mtawanyiko:** gugu hili hutawanyika kwa njia ya mbegu.

Maenezi: limeenea zaidi katika Afrika ya Mashariki (K1-7; T1-8,Z; U1-4), kutoka pwani hadi katika sehemu zilizo na urefu wa 2 400 m; pia linapatikana Ethiopia, Malawi, Rwanda, Sudan na Zambia.

Gugu hili linafanana na: *Cleome hirta* (Klotzsch) Oliv. (majani yana vijani vitano hadi tisa; majani ya ua yana rangi ya zambarau mbivu au rangi nyekundu), *C. monophylla* L. (majani yake hayakugawanyika), *C. schimperi* (majani yake yamegawanyika katika sehemu tatu).

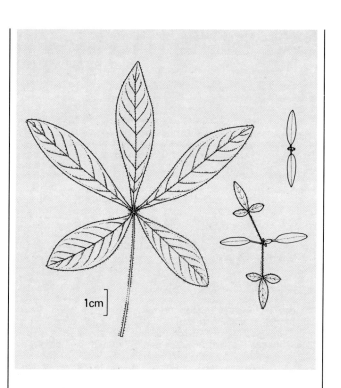

1cm

Spergula arvensis L.

Caryophyllaceae

Common names/Majina ya kawaida: chemutwet ab koik (Kipsigis), spurrey (E)

Slender, annual herb, commonly occurring as a weed of cereals and other crops in the highlands, especially on acidic soils. **Root:** fibrous. **Stem:** erect, branched, up to 60 cm high. **Leaves:** narrow, linear, 1-7 cm long, 0.5-0.75 mm wide, grooved on lower surface, opposite but appearing to be in whorls. **Inflorescence:** terminal, with 9 or more white flowers about 6 mm in diameter; petals 5, about 4 mm long; sepals 5, oval, blunt ended, with membranous margins. **Fruit:** a capsule containing 20-25 seeds. **Seeds:** nearly spherical, 1-2 mm in diameter, narrowly winged, grey-black, papillose or not. **Propagation:** by seed.

Distribution: highlands (1 600-2 550 m) of East Africa (K3,4; T3; U2-4); also present in Ethiopia.

* * * * * * * * * *

Ni gugu linaloishi kwa muda usiozidi mwaka mmoja, lina umbo jembamba; ni gugu la kawaida kwenye mimea ya nafaka, na mimea mingine kwenye sehemu za milima. **Mzizi:** ya nyuzinyuzi. **Shina:** linakua kiwimawima, lina matawi na urefu upatao 60 cm. **Majani:** membemba, yana urefu upatao 1-7 cm na upana wa 0.5-0.75 mm; sehemu zake za chini zina mifuo. **Maua:** yanaota kwenye ncha za shina na matawi, yakiwa kwenye makundi ya maua tisa ama zaidi; upana wa ua ni 6 mm. Kila ua lina majani matano ya urefu upatao 4 mm; vijani 5 vya shikio la ua, vyenye ncha butu. **Tunda:** gamba lenye mbegu zipatazo 20-25. **Mbegu:** karibu mviringo, ukubwa 1-2 mm, mabawa madogo, kijivunyeusi, huenda yakawa na kilimi au kitovu. **Mtawanyiko:** gugu hili hutawanyika kwa njia ya mbegu.

Maenezi: limeenea katika Afrika ya Masharika, kwenye sehemu za milima (urefu wa 1 600-2 550 m) (K3,4; T3; U2-4); pia gugu hili linapatikana Ethiopia.

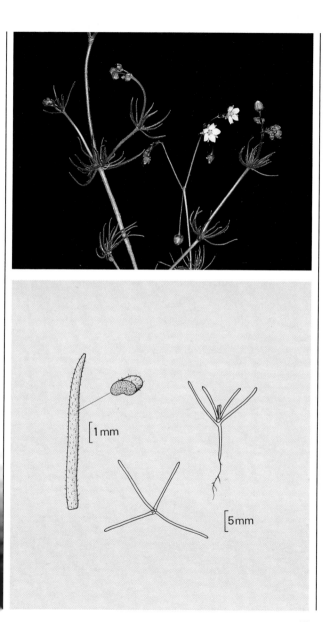

1mm

5mm

15

Stellaria media (L.) Vill.

Caryophyllaceae

Common name/Jina la kawaida: chickweed (E)

Sprawling, annual herb, very common as a weed of arable fields in the highlands where it can smother small crops. **Root:** central tap-root and fibrous roots at nodes. **Stem:** weak, prostrate, much branched, rooting at nodes. Internodes with a single longitudinal line of hairs which change sides at the nodes. **Leaves:** opposite, variable in size and shape, 6-30 mm long and 3-15 mm wide, lower leaves stalked, upper leaves usually without stalks, ovate and pointed at tip; stalks of lower leaves hairy, 5-20 mm long. **Inflorescence:** single, stalked flowers arise from upper leaf axils. Flowers 6-9 mm in diameter, with 5 white petals divided almost to their bases and 5 slightly longer, pointed sepals with membranous margins. **Fruit:** a capsule with 6 valves, about 5 mm long. **Seeds:** round, 0.8-1.4 mm in diameter, usually with tubercles, reddish brown. **Propagation:** by seeds which can germinate immediately or remain dormant for many years; also by stem fragments on moist soil.

Distribution: highlands (1 290-2 370 m) of East Africa (K3; T2,3,7); also present in Ethiopia.

Closely related weed: *S. mannii* Hook. f. (upper internodes hairy all round the stem) reported on coffee plantations.

* * * * * * * * * * *

Gugu linalotambaa chini, huishi kwa muda usiozidi mwaka mmoja; ni gugu la kawaida kwenye ardhi zinazolimwa katika sehemu za milima, ambako linaweza kuuwa mimea midogo. **Mzizi:** lina mzizi mkuu na mizizi ya nyuzinyuzi katika vifundo vyake. **Shina:** limelegea na hutambaa chini, lina matawi mengi na huota mizizi kwenye vifundo vyake. Kila kipande kilichoko kati ya vifundo viwili huwa kina mstari wa singa. **Majani:** huota yakielekeana mawili mawili, yana ukubwa na umbo mbalimbali. **Maua:** yanaota kila ua peke yake, huota katika vitawi vinavyotokea kwenye makwapa ya majani yaliyo karibu na ncha za shina na matawi. Kila ua lina upana wa 6-9 mm, majani matano ya ua yenye rangi nyeupe na vijani vitano vya shikio la ua. **Tunda:** gamba lenye mbegu, lina sehemu sita na urefu upatao 5 mm. **Mbegu:** mviringo, ukubwa 0.8-1.4 mm, kawaida zina uvimbe, hudhurungi. **Mtawanyiko:** gugu hili hutawanyika kwa kutumia mbegu na pia kwa kutumia vipande vya shina vinapoanguka kwenye mchanga wenye mzizimo.

Maenezi: limeenea katika sehemu za milima (1 290-2 370 m) za Afrika ya Mashariki (K3; T2,3,7); pia linapatikana Ethiopia.

Gugu hili linafanana na: *S. mannii* Hook. f. (pingili za juu zina vinywele kungukia shina lote); gugu huonekana katika mashamba ya kahawa.

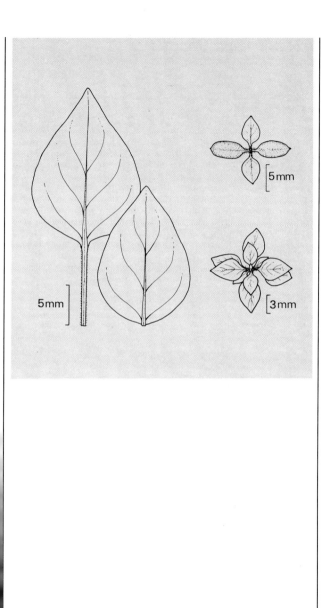

5mm

5mm

3mm

Chenopodium murale L.

Chenopodiaceae

Common names/Majina ya kawaida: hangasimu (Shambaa), ototo (Ekegusii)

Annual herb, locally common as a weed of crops, fallows and pastures. **Root:** a tap-root. **Stem:** erect or spreading, up to 90 cm high, usually much branched, green but sometimes tinged with red, mealy on the young parts. **Leaves:** variable, rhombic to ovate, wedge shaped at the base, 1.5-9 cm long and 0.8-7 cm wide, with 5-15 irregular, pointed teeth on each margin. **Inflorescence:** leafy almost to the top, terminal and from upper axils, composed of several branches crowded with dense flower clusters; flowers greenish, about 1-1.5 mm in diameter, with 5 sepals. **Fruit:** contains a single black, shiny seed, 1.2-1.5 mm in diameter with a sharply keeled margin. **Propagation:** by seed.

Distribution: a cosmopolitan species found at 1 070-1 950 m in East Africa (K3,4; T2,5); also present in Zambia.

Closely related weeds: *C. album* L., *C. ambrosioides* L., *C. carinatum* R. Br., *C. fasciculosum* Aellen and *C. opulifolium* (Schrad.) ex Koch & Ziz are mealy and not aromatic; *C. procerum* Moq., *C. pumilio* R. Br. and *C. schraderianum* Schult. are not mealy but have aromatic leaves. Other distinguishing features are summarized in *East African weeds and their control*.

* * * * * * * * * *

Gugu linaloishi kwa muda usiozidi mwaka mmoja, ni gugu la kawaida la ndani ya mimea ilimwayo, shamba lililopumzika na pia malishoni. **Mzizi:** lina mzizi mkuu. **Shina:** linakua kiwimawima au linatambaa kwenye urefu wa 90 cm, lina matawi mengi ya kijani. **Matawi:** ni tofauti, urefu wa 1.5-9 cm na upana wa 0.8-7 cm, kila jani limegawanywa sehemu-sehemu ambazo hufikia 5-15 cm. **Maua:** yenye majani mengi kwenye kilele cha gugu, matawi yana maua yaliyoshikana, upana wa 1-1.5 mm lina shikio la ua 5. **Tunda:** lina mbegu moja nyeusi, 1.2-1.5 mm iliyochongoka. **Mtawanyiko:** linatawanyika kwa njia ya mbegu.

Maenezi: hupatikana kila mahali kwanzia 1 070-1 950 mm katika Afrika ya Mashariki (K3,4; T2,5); pia hupatikana Zambia.

Gugu hili linafanana na: *C. album* L., *C. ambrosioides* L., *C. carinatum* R. Br., *C. fasciculosum* Aellen, *C. opulifolium* (Schrad.) ex Koch & Ziz yana chakula na hunukia, *C. procerum* Moq., *C. pumilio* R. Br. na *C. schraderianum* Schult. hayana chakula lakini yananukia. Magugu haya yanaelezwa zaidi katika *East African weeds and their control*.

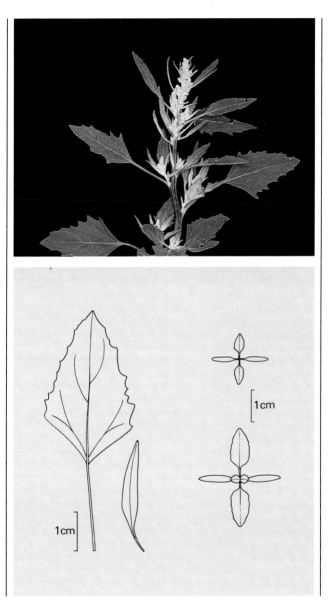

1cm

21

Commelina benghalensis L.

Commelinaceae

Common names/Majina ya kawaida: djadja (Kiswahili), ekiteza (Lutoro, Lunyoro), ekoropot (Ateso), etaija (Ankole, Rukiga), etaija-kikazi (Runyankore), ikengere (Chagga), mukengeria (Kikuyu), mukengesya (Kamba), nnanda (Luganda), odielo (Luo), ototo (Acholi), rikongiro (Ekegusii), wandering Jew (E)

Annual or perennial herb, common in arable land, tree crops and waste places. **Roots:** fibrous, produced at base nodes. **Stem:** spreading, prostrate or ascending, to 60 cm, branched, fleshy, sparsely hairy; also underground with reduced leaves and cleistogamous flowers. **Leaves:** alternate, ovate to elliptic, to 9 × 4 cm, narrowing at base to form a tubular sheath around the stem; sheath margin with rust-coloured hairs. **Inflorescence:** 1-3 blue flowers above sessile spathe; spathe to 2 × 2 cm; flowers have 3 petals, the lower one smaller. **Fruit:** 3-celled with 5 seeds. **Seeds:** from aerial flowers, about 1.5 mm, wrinkled, dark brown or black; from cleistogamous flowers, about 4-5 × 2-3 mm, smoothly ridged, light or dark brown. **Propagation:** by seed and vegetatively by stems, especially when fragmented by cultivations.

Distribution: widespread from 0-2 400 m in East Africa (K1-7; T1-8; U1-4); also present in Ethiopia, Malawi, Rwanda, Somalia and Zambia.

Closely related weeds: *C. diffusa* Burm.f., *C. erecta* L., *C. forskalaei* Vahl, *C. imberbis* Hassk., *C. latifolia* A. Rich. (with blue flowers); *C. elgonensis* Bullock. (with mauve flowers); *C. africana* L. (with yellowish flowers).

* * * * * * * * * * *

Commelina benghalensis (contd)

Gugu linaloweza kuishi kwa muda usiozidi mwaka mmoja au kwa muda wa miaka mingi; ni gugu la kawaida kwenye ardhi zinazolimwa, kwenye mimea aina ya miti na kwenye ardhi zisizotumiwa. **Mizizi:** ya nyuzinyuzi, huota kutoka vifundo vilivyo karibu na tako la mmea. **Shina:** hukua likitambaa chini na mara nyingine huinuka kidogo, lina urefu wa 60 cm, lina matawi, huwa na singa zilizotawanyika; pia shina linaweza kutambaa ndani ya udongo. **Majani:** huota yakifuatana moja baada ya moja, yana urefu wa 9 cm na upana wa 4 cm. **Maua:** yana rangi ya samawati; kila ua lina majani matatu ya ua, moja likiwa dogo kuliko mawili yaliyosalia; ganda lichukualo ua ukubwa wake ni 2 × 2 cm. **Tunda:** lina vyumba vitatu vyenye mbegu tano. **Mbegu:** toka maua ya juu kabisa, urefu karibu 1.5 mm, ni kahawia au nyeusi, ina mikunjo; maua yasiyochanua yana mbegu 4.5 × 2.3 mm, ina matuta laini, kahawia au nyeusi. **Mtawanyiko:** gugu hili hutawanyika kwa kutumia mbegu na vipande vya shina, hasa shina linapokatwa wakati wa kulima.

Maenezi: limeenea zaidi katika Afrika ya Mashariki (K1-7, T1-8; U1-4), kutoka pwani hadi katika sehemu zenye urefu wa 2 400 m; pia linapatikana Ethiopia, Malawi, Rwanda, Somalia na Zambia.

Gugu hili linafanana na: *C. diffusa* Burm. f., *C. erecta* L., *C. forskalaei* Vahl, *C. imberbis* Hassk., *C. latifolia* A. Rich. (magugu yenye maua yaliyo na rangi ya samawati); *C. elgonensis* Bullock. (gugu lenye maua yaliyo na rangi ya urujuani); *C. africana* L. (maua yake yana rangi ya manjano).

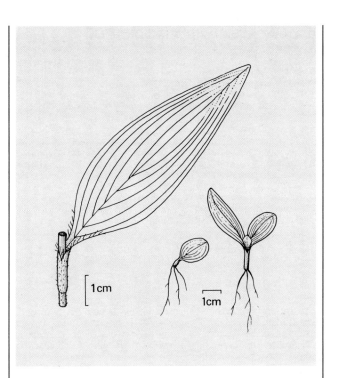

25

Acanthospermum hispidum DC.

Compositae

Common name/Jina la kawaida: starbur (E)

Annual herb in arable land, pastures and on roadsides. **Root:** a tap-root. **Stem:** erect, regularly branching into two, up to 60 cm high, hairy. **Leaves:** opposite, obovate, up to 8 cm long, without stalks, irregularly toothed, hairy. **Inflorescence:** heads solitary in axils of upper leaves, without stalks, pale yellow-green, about 5 mm in diameter. **Fruit:** achenes 5-10, triangular, spiny, grouped into star-shaped clusters. **Propagation:** by seed.

Distribution: widespread in the hotter areas of Kenya and Tanzania extending from 0-1 700 m and spreading. Rare in Uganda but occurs in Somalia and Zambia.

Closely related weeds: *A. glabratum* (DC.) Wild and *A. australe* (L.) Kuntze (flowering heads on stalks; occasional weeds).

* * * * * * * * * *

Ni gugu linaloishi kwa muda usiozidi mwaka mmoja. Linaota kwenye ardhi inayolimika, malisho na kando ya barabara. **Mzizi:** lina mzizi mkuu. **Shina:** linakua kiwimawima; lina nywele na urefu wake hufukia 60 cm; lina matawi mengi. **Majani:** yanaota mawili-mawili yakiwa yameelekeana, urefu wake hufikia 8 cm, yana menomeno na nywele. **Maua:** yanaota kwenye makwapa ya majani yaliyo karibu na ncha za matawi; yana rangi kati ya manjano na kijani, na upana wa 5 mm. **Tunda:** lina sehemu 5-10 zilizoungana kutoa umbo la pweza. **Mtawanyiko:** gugu hili hutawanyika kwa njia ya mbegu.

Maenezi: limeenea zaidi katika sehemu za joto jingi, Kenya na Tanzania, kutoka pwani hadi sehemu zenye urefu wa 1 700 m. Pia linapatikana Somalia na Zambia lakini ni adimu nchini Uganda.

Gugu hili linafanana na: *A. glabratum* (DC.) Wild na *A. australe* (L.) Kuntze (vitoa maua katika ncha za mabua; magugu yasiyotokea wakati wote).

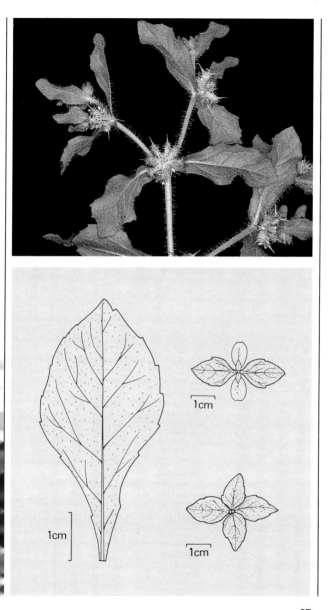

1cm

1cm

1cm

1cm

27

Ageratum conyzoides L.

Compositae

Common names/Majina ya kawaida: adwolo (Lango), atiraja (Ateso), bukabuka (Rukiga), butabuta (Ankole, Runyankore), gathenge (Kikuyu), goat weed (E), kimavi cha kuku (Kiswahili), mososoyiah (Kamba), munywaniwenkanda (Lutoro), namirembe (Luganda), omonyaitira (Ekegusii)

Annual herb, widespread and common as a weed of many arable crops and in waste places, especially in higher rainfall areas. **Root:** fibrous. **Stem:** erect, branching, up to 90 cm high, hairy. **Leaves:** opposite (sometimes alternate near top of the plant), ovate, up to 8 cm long and 5 cm wide, hairy; margin regularly toothed; stalk hairy; leaves have a characteristic smell when crushed. **Inflorescence:** terminal, branched, with flower heads in attractive clusters (corymbs); flower heads pale blue or white, up to 6 mm in diameter, composed of many tubular florets surrounded by 2-3 rows of narrow, pointed bracts. **Fruit:** an achene, black, ribbed or angled, 1.5-2 mm long, with a pappus of 5 white bristles. **Propagation:** by seed.

Distribution: widespread from 0-2 400 m in East Africa (K1,3-7; T1-8,Z; U1-4); also present in Ethiopia, Malawi, Rwanda and Zambia.

* * * * * * * * * * *

Gugu linaloishi kwa muda usiozidi mwaka mmoja; limeenea sana, ni gugu la kawaida la mazao mengi na sehemu zisizotumiwa, hasa katika sehemu zenye mvua nyingi. **Mzizi:** ya nyuzinyuzi. **Shina:** hukua kiwimawima, lina matawi, lina singa na hufikia urefu wa 90 cm. **Majani:** huota mawili-mawili yakielekeana; hufikia urefu wa 8 cm na upana wa 5 cm, yana singa; kingo za majani zina menomeno; yanapopondwa majani hutoa harufu ya pekee. **Maua:** yanaota katika kilele cha shina na ncha za matawi; maua yako kwenye mashada madogo yanayovutia, yana rangi nyeupe, kwa upana hufikia 6 mm. **Tunda:** ni jeusi, lina urefu wa 1.5-2 mm. **Mtawanyiko:** gugu hili hutawanyika kwa njia ya mbegu.

Maenezi: limeenea zaidi katika Afrika ya Mashariki (K1,3-7; T1-8,Z; U1-4) kutoka pwani hadi sehemu zilizo na urefu wa 2 400 m; pia linapatikana Ethiopia, Malawi, Rwanda na Zambia.

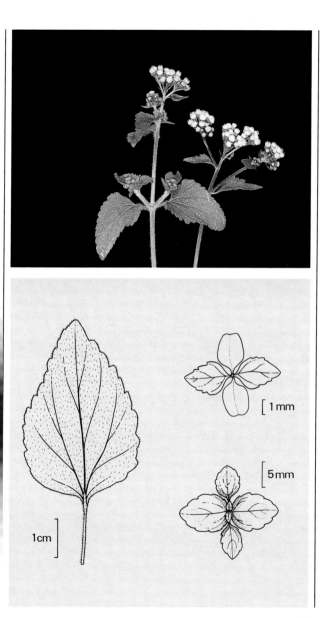

Bidens pilosa L.

Compositae

Common names/Majina ya kawaida: blackjack (E), eida (Ateso), ekemogamogia (Ekegusii), enyabarashana (Runyankore, Rukiga), kichoma mguu (Kiswahili), labika (Acholi), muceege (Kikuyu), murashe (Runyankore), nyabarasana (Lutoro, Lunyoro), nyanyiek-mon (Luo), ononot (Lango), onyekmon (Lango), onyiego (Luo), ssere (Luganda)

Annual herb which is one of the commonest weeds in the region, occurring in nearly all crops but often associated with poor or exhausted soils. **Root:** fibrous. **Stem:** erect, up to 100 cm high, 4-angled, without hairs. **Leaves:** opposite, stalked, divided into 3 (sometimes 5) serrated, ovate leaflets, of which the uppermost is usually largest, up to 9 cm long and 3 cm wide, few or no hairs present. **Inflorescence:** terminal, branched, loose, composed of flower heads up to 15 cm in diameter on long stalks; each flower head has numerous yellow, tubular florets, about 5 white ray florets (sometimes absent) and a double row of bracts surrounding the flower head. **Fruit:** an achene, black, ribbed, about 11 mm long, with 2-3 barbed bristles which become readily attached to clothing and animal hides. **Propagation:** by seed.

Distribution: widespread from 400-2 400 m in East Africa (K1-7; T1,4-7; U2,3); also present in Ethiopia, Malawi, Rwanda and Zambia.

Closely related weeds: *B. biternata* L. (ray florets yellow, leaves with 5-9 leaflets), *B. schimperi* Schultz Bip. (flowers large, showy, yellow, with several ray florets 9 mm long), *B. steppia* (Steetz) Sherff (similar to *B. schimperi* but bristles on achenes are not hooked).

* * * * * * * * * *

Bidens pilosa (contd)

Gugu linaloishi kwa muda usiozidi mwaka mmoja, humea kati ya aina zote za mimea inayokuzwa mashambani, lakini linapatikana zaidi kwenye udongo usiokuwa na rutuba ya kutosha. **Mzizi:** ni nyuzinyuzi. **Shina:** hukua kiwimawima kufikia urefu wa 100 cm, lina pembe nne, halina singa. **Majani:** huota yakielekeana mawili mawili, kila jani limegawanyika katika sehemu tatu (ama tano); majani hufikia 9 cm urefu na 3 cm upana na yana menomeno. **Maua:** huota katika kilele cha shina, kwenye mashada yenye upana unaofikia 15 cm na yanayoota kwenye vitawi virefu; kila shada lina maua mengi yenye rangi ya manjano. **Tunda:** ni jeusi, urefu wake wapata 11 mm, lina miiba miwili au mitatu ambayo-kwayo tunda hugandama kwenye nguo na ngozi za wanyama. **Mtawanyiko:** gugu hili hutawanyika kwa njia ya mbegu.

Maenezi: limeenea zaidi katika Afrika ya Mashariki (K1-7; T1,4-7; U2,3); kwenye ukanda wa mita 400-2 400 juu ya usawa wa bahari. Pia linapatikana Ethiopia, Malawi, Rwanda na Zambia.

Gugu hili linafanana na: *B. biternata* L. (majani yake yamegawanyika katika sehemu tano hadi tisa), *B. schimperi* Schultz Bip. (maua yake ni makubwa), *B. steppia* (Steetz) Sherff (linafanana na *B. schimperi* lakini miiba ya tunda lake haikupeteka).

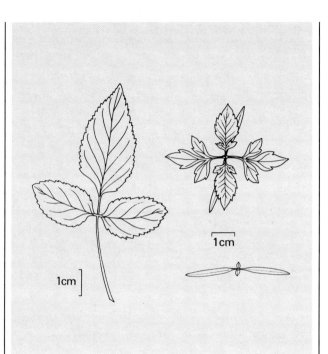

1cm

1cm

Conyza bonariensis (L.) Cronq.

Compositae

Synonym/Kwa jina jingine: *Erigeron bonariensis* L.

Common names/Majina ya kawaida: akanyarububa (Runyankore), bambeiherera (Runyankore), enyaru (Masai), fleabane (E), fuka (Digo), ndaasha (Runyankore)

Annual herb, very common in arable land, tree crops, fallows and waste areas. **Root:** a tap-root. **Stem:** erect, up to 1.3 m high, ribbed, hairy, woody at the base. **Leaves:** those at the base of the stem are in a rosette, oblanceolate and slightly toothed; leaves on the stem are alternate and linear. Both types are hairy, up to 8 cm long and 8 mm wide, usually undulating at the margins and without stalks. **Inflorescence:** terminal, elongated, composed of yellowish-white flower heads 6-8 mm in diameter on stalks about 13 mm long; each flower head consists of many narrow, tubular florets. **Fruit:** an achene with many white or pinkish hairs. **Propagation:** by seed.

Distribution: widespread from 0-2 400 m throughout East Africa (K1,3-7; T1-8; U1-4); also present in Malawi.

Closely related weeds: *C. floribunda* H.B.K. (similar to *C. bonariensis* but leaves flat and more numerous, flowers smaller and inflorescence branches shorter); *C. aegyptiaca* (L.) Ait., *C. schimperi* Sch. Bip., *C. steudelii* Oliv. & Hiern and *C. stricta* Willd. (see Ivens' *East African weeds and their control* for descriptions).

* * * * * * * * * * *

Gugu linaloishi kwa muda usiozidi mwaka mmoja, linapatikana sana kwenye ardhi zinazolimwa, ardhi zinazopumzishwa na katika ardhi zisizotumiwa. **Mzizi:** lina mzizi mkuu. **Shina:** hukua kiwimawima kufikia urefu wa 1.3 m na lina singa, lina asili ya mti kwenye tako lake. **Majani:** huota yakifuatana moja baada ya moja, yana singa, yana urefu unaofikia 8 cm na upana wa 8 mm. **Maua:** huota kwenye kilele cha shina, mashada yenye rangi ya manjano, yana upana wa 6-8 mm na huota kwenye vitawi vilivyo na urefu upatao 13 mm. **Tunda:** lina singa zenye rangi nyeupe au nyekundu. **Mtawanyiko:** gugu hili hutawanyika kwa njia ya mbegu.

Maenezi: limeenea kote katika Afrika ya Mashariki (K1,3-7; T1-8; U1-4), kutoka pwani hadi sehemu zenye urefu wa 2 400 m; pia linapatikana Malawi.

Gugu hili linafanana na: *C. floribunda* H.B.K. (linalofanana na *C. bonariensis* lakini majani yake ni bapa na ni mengi zaidi, maua ni madogo zaidi na sehemu yote inayoshika ua ni fupi zaidi); *C. aegyptiaca* (L.) Ait., *C. schimperi* Sch. Bip., *C. steudelii* Oliv. & Hiern, na *C. stricta* Willd. (ona Ivens' *East African weeds and their control* kwa vielelezo).

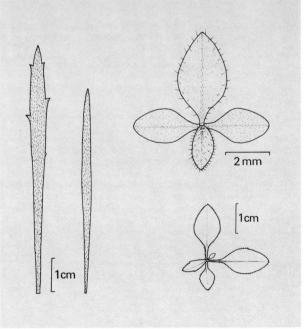

Galinsoga parviflora Cav.

Compositae

Common names/Majina ya kawaida: gallant soldier (E), kafumba (Ankole, Runyankore), kafumbe (Luganda), kangei (Kikuyu), karandaranda (Lutoro), macdonaldi (E), msekeseke (Kiswahili), omenta (Ekegusii)

Annual herb, very common throughout the region as a weed of most crops and waste land. **Root:** shallow, fibrous. **Stem:** erect, up to 60 cm high, much branched, slightly hairy. **Leaves:** opposite, up to 6 cm long and 4 cm wide, simple, ovate, slightly hairy, with 3 distinct veins converging at the base; margin shallowly toothed. **Inflorescence:** flower heads 5-8 mm in diameter, on stalks 12-25 mm long, in a regularly branched, loose, leafy inflorescence at the stem apex and from upper leaf axils; flower heads consist of many yellow tubular florets and 4-5 white, 3-lobed ray florets, surrounded by membranous bracts. **Fruit:** an achene, angled or flat, black, slightly hairy, about 1.5 mm long, with a pappus of flat, fringed scales about 1.5 mm long. **Propagation:** by seed.

Distribution: widespread from 0-2 000 m in East Africa (K1-7; t1-8; u1-4); also present in Ethiopia, Malawi and Zambia.

Closely related weed: *G. ciliata* (Rafn.) Blake (more hairy than *G. parviflora;* pappus scales variable in length and shape; uncommon).

* * * * * * * * * *

Gugu linaloishi kwa muda usiozidi mwaka mmoja, ni gugu la kawaida la mimea aina nyingi na pia katika ardhi isiyotumiwa. **Mzizi:** ya nyuzinyuzi na isiyokua kwenda ndani sana. **Shina:** hukua kiwimawima kufikia urefu wa 60 cm, lina matawi mengi na lina singa chache. **Majani:** huota yakielekeana mawili mawili, yana urefu unaofikia 6 cm na upana wa 4 cm, yana singa chache na kingo zake zina menomeno. **Maua:** yako kwenye mashada yenye upana wa 5-8 mm; mashada ya maua huota kwenye vitawi vilivyo na urefu wa 12-25 mm; kila shada lina maua mengi madogo, yenye rangi ya manjano. **Tunda:** ni jeusi na urefu wake wapata 1.5 mm, lina singa chache. **Mtawanyiko:** gugu hili hutawanyika kwa njia ya mbegu.

Maenezi: limeenea katika Afrika ya Mashariki (K1-7; T1-8; U1-4) kutoka pwani impaka 2 000 m; pia linapatikana Ethiopia, Malawi na Zambia.

Gugu hili linafanana na: *G. ciliata* (Rafn.) Blake (lina singa nyingi kuliko *G. parviflora* lakini halipatikani kwa wingi).

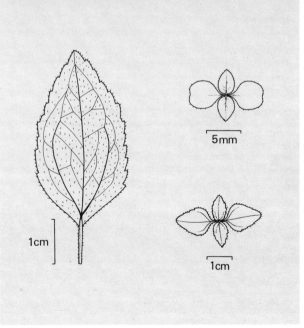

Gutenbergia cordifolia Benth. ex Oliv.

Compositae

Synonym/Kwa jina jingine: *Erlangea cordifolia* (Benth.) S. Moore

Common names/Majina ya kawaida: akatooma (Ankole, Runyankore), endiati (Masai), enyaru (Masai), obutooma (Rukiga), rabuor (Luo), uvuti (Kikuyu)

Annual herb, common in the highlands as a weed of arable crops, grassland and waste ground. **Root:** tap-root. **Stem:** erect, up to 1.5 m high, branched, covered in silvery hairs. **Leaves:** opposite to alternate, obovate to ovate and oblong, up to 7 cm long and 3.5 cm wide, covered with silvery, woolly hairs on the under-side;.stalk more or less absent, the base of the leaf clasps the stem. **Inflorescence:** flower heads on stalks up to 13 mm long in loose, much-branched, terminal clusters; flower heads purple, 6-8 mm in diameter, composed of numerous tubular florets surrounded by several rows of bracts. **Fruit:** an achene, ribbed, hairy, with few (sometimes none) to more than 8 pappus bristles. **Propagation:** by seed.

Distribution: widespread from 0-1 800 m in East Africa (K1-4; T1,2,5,7; U1-4); also present in the Sudan.

Closely related weed: *Erlangea marginata* (Oliv. & Hiern) S. Moore (bracts around flower head with sharp, stiff points; may not be a distinct species from *G. cordifolia*).

* * * * * * * * * *

Gugu linaoishi kwa muda usiozidi mwaka mmoja, linapatikana kwenye sehemu za milima kati ya mimea inayokuzwa mashambani na katika ardhi zisizotumika. **Mzizi:** lina mzizi mkuu. **Shina:** hukua kiwimawima kufikia urefu wa 1.5 m, lina matawi na limefunikwa na singa. **Majani:** huota yakielekeana mawili mawili au yakifuatana moja baada ya moja; yana urefu ufikiao 7 cm na upana wa 3.5 cm, sehemu zake za chini huwa na singa. **Maua:** mashada ya maua huota katika vitawi vyenye urefu unaofikia 13 mm; yana rangi ya zambarau mbivu na upana wa 6-8 mm. **Tunda:** lina singa na mara nyingine huwa na miiba michache au zaidi ya minane. **Mtawanyiko:** gugu hili hutawanyika kwa njia ya mbegu.

Maenezi: limeenea zaidi katika Afrika ya Mashariki (K1-4; T1,2,5,7; U1-4), kutoka pwani hadi katika sehemu zilizo na urefu wa 1 800 m; pia linapatikana Sudan.

Gugu hili linafanana na: *Erlangea marginata* (Oliv. & Hiern) S. Moore (vyani vinavozunguka kichwa cha ua vina ncha kali zilizo ngumu; huenda gugu hili lisiwe ni aina tofauti hasa na *G. cordifolia*).

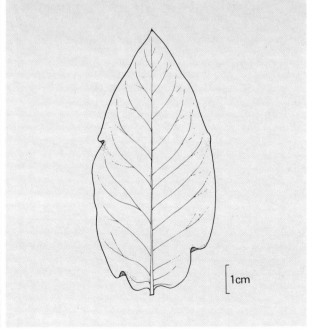

1cm

Launaea cornuta (Oliv. & Hiern) C. Jeffrey

Compositae

Synonyms/Majina mengine: *Sonchus exauriculatus* (Oliv. & Hiern) O. Hoffm., *Lactuca taraxacifolia* (Willd.) Hornemann

Common names/Majina ya kawaida: akanoko (Ankole), enaponombenek (Masai), mshunga (Pare, Shambaa), wild lettuce (E)

Perennial herb occurring as a weed of arable land, perennial crops and waste areas, especially in the highlands. A milky latex is present throughout the plant. It is drought tolerant. **Root:** fibrous, from base of stem and from rhizomes. **Stem:** above ground — erect, up to 1.2 m high, usually unbranched beneath the inflorescence, hairless; below ground — branched, spreading rhizome. **Leaves:** arranged in a rosette at ground level and alternately on the stem; variable, up to 15 cm long, linear-lanceolate or elliptic, with 2-4 lobes and slightly toothed margins; stalk absent. **Inflorescence:** much-branched, terminal panicle of shortly stalked flower heads up to 8 mm across; florets strap shaped, pale yellow, surrounded in compact head by shorter bracts. **Fruits:** an achene, about 5 mm long, with a pappus of long, white hairs. **Propagation:** by seeds and rhizomes.

Distribution: widespread in the highlands of East Africa (K1-5,7; T1-8,Z; U1-4); also present in Ethiopia, Malawi, Somalia, the Sudan and Zambia.

Closely related weeds: *Lactuca capensis* Thunb. (blue flowers). Several species of *Sonchus* and *Lactuca* are similar.

* * * * * * * * * *

Gugu linaloishi kwa muda wa miaka mingi, linapatikana katika ardhi zinazolimwa na pia zisizolimwa, hasa kwenye sehemu za milima. Lina utomvu wenye asili ya maziwa. Linastahimili ukame. **Mzizi:** ni nyuzinyuzi, huota kwenye tako la shina na pia kwenye vitawi vinavyotambaa ndani ya mchanga. **Shina:** hukua kiwimawima kufikia urefu wa 1.2 m, halina singa. **Majani:** huota yakifuatana moja baada ya moja, yana urefu unaofikia 15 cm, yana ndewe mbili hadi nne na yana menomeno kwenye kingo zake. **Maua:** mashada yenye upana ufikiao 8 mm, huota kwenye kilele cha shina katika vitawi vifupi; vijiua vina rangi ya manjano. **Tunda:** line urefu upatao 5 mm na lina singa ndefu nyeupe. **Mtawanyiko:** gugu hili hutawanyika kwa kutumia mbegu na vitawi vinavyotambaa ndani ya mchanga.

Maenezi: limeenea zaidi katika sehemu za milima za Afrika ya Mashariki (K1-5,7; T1-8,Z; U1-4); pia linapatikana Ethiopia, Malawi, Somalia, Sudan na Zambia.

Gugu hili linafanana na: *Lactuca capensis* Thunb. (maua yake yana rangi ya samawati); pia gugu hili limefanana na aina za *Launaea* na *Sonchus*.

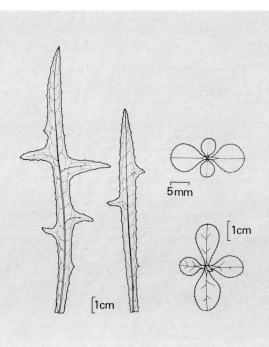

43

Schkuhria pinnata (Lam.) Thell.

Compositae

Synonym/Kwa jina jingine: *Schkuhria isopappa* Benth.

Common names/Majina ya kawaida: dwarf marigold (E), onyalo-biro (Luo)

Aromatic annual herb, locally abundant in arable land and fallows at medium altitudes. **Root:** a tap-root. **Stem:** erect, up to 50 cm high, slender, ribbed, much branched creating a bushy plant. **Leaves:** alternate, up to 10 cm long, finely divided into very slender segments, the lower segments sometimes becoming subdivided. **Inflorescence:** flower heads yellow, approximately 6 mm long and 5 mm in diameter, on slender stalks in a loose, branched, terminal inflorescence; flower heads contain 3-9 central tubular florets and an outer ring of strap-shaped florets. **Fruits:** an achene, 4-angled, hairy, black, with a pappus of 8 brownish scales. **Propagation:** by seed.

Distribution: limited to the highlands from 1 500-2 000 m in East Africa (K1,3-5; T4); also present in Zambia.

* * * * * * * * * *

Ni gugu linaloishi kwa muda usiozidi mwaka mmoja kwa wingi katika ardhi zinazolimika na ardhi zinazopumzishwa. **Mzizi:** lina mzizi mkuu. **Shina:** linakua kiwimawima, hufikia urefu wa 50 cm, ni jembamba, lina matawi yaliyotawanyika katika kilele chake. **Majani:** yanafuatana moja baada ya moja, hufikia urefu wa 10 cm. **Maua:** mashada yenye rangi ya manjano, urefu wake wakaribia 6 mm na upana wa 5 mm; kila shada huwa na vijiua vitatu hadi tisa. **Tunda:** ni mbegu yenye pembe nne, na nywele-nywele. **Mtawanyiko:** gugu hili hutawanyika kwa njia ya mbegu.

Maenezi: limeenea katika Afrika ya Mashariki (K1,3-5; T4), lakini kwenye sehemu za milima tu (1 500-2 000); pia linapatikana Zambia.

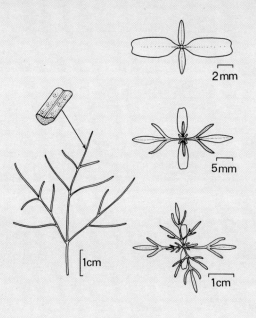

Sonchus oleraceus L.

Compositae

Common names/Majina ya kawaida: apuruku (Lango), ekijwamate (Runyankore), ekinyahwa (Lutoro), ekinyamate (Rukiga, Runyankore), kakovu (Luganda), lapuku (Acholi), mahiu (Kikuyu), orunyamate (Runyankore), riroria (Ekegusii), shunga pwapwa (Shambaa, Kiswahili), sow thistle (E)

Annual herb, common as a weed of arable crops in wetter areas of the highlands. **Root:** a tap-root. **Stem:** erect, up to 120 cm high, hollow, smooth, soft, exudes a milky latex when cut. **Leaves:** alternate, bluish green, entire or deeply lobed, with a pointed apex and an irregularly serrated margin; leaf base with two pointed lobes (auricles) projecting beyond the stems. **Inflorescence:** flower heads stalked, in a branched, terminal inflorescence, yellow, 2-2.5 cm in diameter, composed of strap-shaped florets which are surrounded by rows of overlapping bracts. **Fruit:** achene, flattened, compacted into the flower head until wind-dispersed by means of the very hairy, white pappus. **Propagation:** by seed.

Distribution: widespread above 1 200 m in East Africa (K3-7; T1-5,7,8; U1,2,4); also present in Ethiopia, Malawi, the Sudan and Zambia.

Closely related weeds: *S. asper* (L.) Hill (leaves spiny, basal lobes rounded and pressed flat against the stem); also similar to species of *Lactuca* and *Launaea*.

* * * * * * * * * * *

Gugu hili humea kati ya mimea katika sehemu zilizo na mvua nyingi (sehemu za milima); linaishi kwa muda usiozidi mwaka mmoja. **Mzizi:** lina mzizi mkuu. **Shina:** hukua kiwimawima, hufikia urefu wa 120 cm; lina umbo la mvungu; ni laini; linapokatwa hudondoka utomvu unaofanana na maziwa. **Majani:** huota yakifuatana moja baada ya moja, yana rangi kati ya samawati na kijani; yana menomeno kwenye kingo zake, nyakati zingine huwa na ndewe kubwa. **Maua:** yana rangi ya manjano, upana wa 2-2.5 cm. **Tunda:** lina umbo lililotandazika, lina singa nyingi sana na hupeperushwa kwa urahisi na upepo. **Mtawanyiko:** gugu hili hutawanyika kwa njia ya mbegu.

Maenezi: limeenea zaidi katika Afrika ya Mashariki (K3-7; T1-5,7,8; U1,2,4) kwenye sehemu zilizo na urefu zaidi ya 1 200 m; pia linapatikana Ethiopia, Malawi, Sudan na Zambia.

Gugu hili linafanana na: *S. asper* (L.) Hill (majani yana miiba; majani ya chini zaidi ni mviringo na yanashikamana na shina). Pia gugu hili limefanana na aina za *Lactuca* na *Launaea*.

46

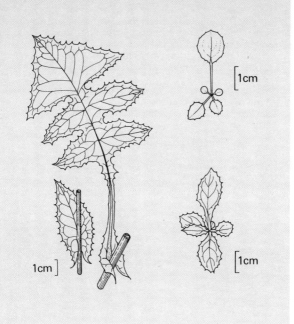

47

Sphaeranthus bullatus Mattf.

Compositae

Annual herb, strongly aromatic, common as a weed in coffee, in arable areas, pastures and fallow land. **Root:** fibrous. **Stem:** erect at first, becoming prostrate, up to 1 m high, much branched, with course, irregularly toothed wings. **Leaves:** oblong to ovate, up to 7 cm long and 3.5 cm wide, puckered on the surface with conspicuous veins on the lower surface, more or less hairy; margin coarsely toothed and extending down to join the wings on the stem. **Inflorescence:** flower heads spherical, about 8 mm in diameter, consisting of numerous purple florets surrounded by bracts. **Fruit:** an achene. **Propagation:** by seed.

Distribution: mostly restricted to the highlands of Kenya and Tanzania (K3-6; T2,3); also present in Ethiopia.

Closely related weed: *S. suaveolens* (Forsk.) DC. (often found beside water; leaves without hairs; flower heads 12-19 mm in diameter).

* * * * * * * * * *

Hili ni gugu la mimea kama mibuni na malisho; linaishi kwa muda usiozidi mwaka mmoja; linanukia sana. **Mzizi:** ya nyuzinyuzi. **Shina:** hukua kiwimawima lenye urefu wa 1 m na matawi mingi yamegawanya. **Majani:** ya urefu wa 7 cm na upana wa 3.5 cm, pande za chini hua na singa. Matawi yake yana menomeno ambayo hufuatana mpaka shina. **Maua:** mengi yenye rangi ya zambarau, ni duara, kipenyo 8 mm. **Tunda:** ni ndogo na ngumu. **Mtawanyiko:** gugu hili hutawanyika kwa njia ya mbegu.

Maenezi: limeenea zaidi katika sehum za milima za Kenya na Tanzania (K3-6; T2,3); pia linapatikana Ethiopia.

Gugu hili linafanana na: *S. suaveolens* (Forsk.) DC. (ambalo hupatikana karibu na maji, matawi hua na singa, duara ya maua ni 12-19 mm).

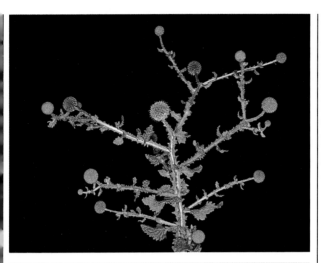

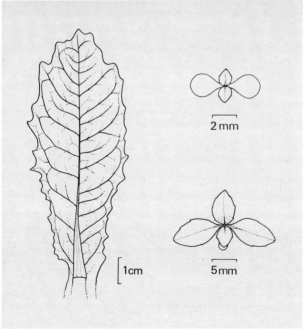

49

Tagetes minuta L.

Compositae

Common names/Majina ya kawaida: ang'we (Luo), anyach (Luo), bhangi (Shambaa), Mexican marigold (E), mubangi (Kikuyu), muvangi (Kamba), nyanjaga (Luo), nyanjagra (Luo), omotioku (Ekegusii), omubazi gwemhazi (Rukiga), tall khaki weed (E)

Annual herb, widespread in the region but most troublesome as a weed in upland crops above 1 200 m; notable for its strong aromatic smell when crushed. **Root:** a tap-root. **Stem:** erect, up to 2 m tall, branched, furrowed. **Leaves:** opposite (sometimes alternate on smaller branches), up to 23 cm long, divided into one terminal and several lateral leaflets; leaflets elliptic, serrated, pointed at tip, up to 7 cm long (sometimes longer). **Inflorescence:** flower heads creamy yellow, up to 2 mm wide and 12 mm long, on short stalks, in erect clusters at ends of branches; each flower head contains 2 tubular florets and 2 strap-shaped florets. **Fruit:** achene, spindle shaped, flattened, 5-8 mm long and 0.6 mm wide, black, covered with short hairs; apex with 4 pointed scales, one larger than the others; the fruit clings readily to clothing. **Propagation:** by seed.

Distribution: widespread in East Africa (K1-7; T1-8; U2-4); also present in Ethiopia, Malawi and Zambia.

* * * * * * * * * * *

Gugu hili huishi kwa muda usiozidi mwaka mmoja; linatatiza zaidi ukulima katika sehemu zilizo na urefu zaidi ya 1 200 m; linapokamuliwa hutoa harufu kali. **Mzizi:** lina mzizi mkuu. **Shina:** hukua kiwimawima na hufikia urefu wa 2 m, lina matawi. **Majani:** yanaota mawili-mawili yakielekeana (lakini katika matawi madogo huwa yanafuatana moja baada ya moja, nyakati zingine); hufikia urefu wa 23 cm; kila jani limegawanyika sehemu-sehemu zilizo na urefu ufikao 7 cm ama zaidi. **Maua:** yana rangi ya manjano nyeupe, yana urefu unaofikia 12 mm na upana wa 2 mm, yanaota kwenye tagaa fupi yakiwa kwenye mashada yaliyosimama wima katika ncha za matawi. **Tunda:** mviringo uliochongoka, urefu wake ni 5-8 mm na upana wa 0.6 mm; ni jeusi, lina singa fupi; hugandama rahisi kwenye nguo. **Mtawanyiko:** gugu hili hutawanyika kwa njia ya mbegu.

Maenezi: limeenea zaidi katika Afrika ya Mashariki (K1-7; T1-8; U2-4); pia linapatikana Ethiopia, Malawi na Zambia.

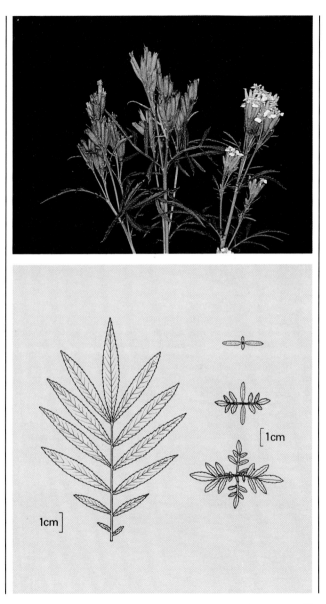

1cm

1cm

51

Capsella bursa-pastoris (L.) Medic.

Cruciferae

Common name/Jina la kawaida: shepherd's purse (E)

Annual herb, common as a weed of cereals and other arable crops in the highlands. **Root:** a tap-root. **Stem:** erect, up to 45 cm high. **Leaves:** basal leaves stalked, in a rosette, up to 15 cm long and 4 cm wide, usually lobed but sometimes entire; stem leaves alternate, up to 8 cm long and 1.5 cm wide, toothed, without stalks, clasping the stem. **Inflorescence:** flowers numerous, white, 3-4 mm in diameter, in a terminal raceme, on slender stalks up to 18 mm long; petals 4, white, 2 mm long; sepals 4, pinkish or green; stamens 6. **Fruit:** a pod (siliqua), flattened, rounded-triangular shape with an indented apex, with two valves containing many seeds. **Seeds:** oblong to elliptic, flattened, about 1 mm long, reddish brown. **Propagation:** by seed.

Distribution: restricted to the highlands (1 600-2 500 m) of East Africa (K3-5; T2,3,7; U2-4); also present in Ethiopia and Malawi.

* * * * * * * * * *

Ni gugu la kawaida kwenye mimea ya nafaka na mimea mingine katika sehemu za milima; linaishi kwa muda usiozidi mwaka mmoja. **Mzizi:** lina mzizi mkuu. **Shina:** linakua kiwimawima, hufikia urefu wa 45 cm. **Majani:** katika sehemu ya chini ya shina majani yanaota karibu-karibu, yana urefu wa kufikia 15 cm na upana wa 4 cm; katika sehemu ya juu ya shina majani yanafuatana moja baada ya moja, hufikia urefu wa 8 cm na upana 1.5 cm, yana menomeno. **Maua:** ni mengi, meupe, yana upana wa 3-4 mm yaliyo na mashina hafifu yanayofikia 18 cm; kila ua lina majani manne ya ua yenye rangi nyeupe na urefu wa 2 mm, vijani vinne vya shikio la ua vyenye rangi nyekundu au ya kijani, sehemu sita zenye mbelewele. **Tunda:** ni tumba lenye mbegu nyingi. **Mbegu:** ni nyekundu na zina urefu upatao 1 mm. **Mtawanyiko:** gugu hili hutawanyika kwa njia ya mbegu.

Maenezi: limeenea katika Afrika ya Mashariki (K3-5; T2,3,7; U2-4) kwenye sehemu za milima tu (zenye urefu wa 1 600-2 500 m); pia linapatikana Ethiopia na Malawi.

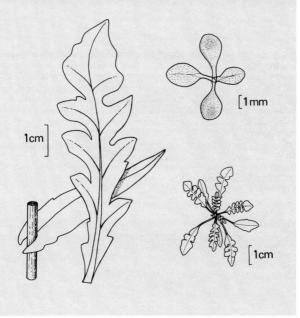

Erucastrum arabicum Fisch. & Mey.

Cruciferae

Common names/Majina ya kawaida: enyakashogi (Runyankore), eshaaga (Rukiga)

Annual herb, widespread as a weed of arable crops, grassland, gardens and roadsides. **Root:** a tap-root. **Stem:** erect, up to 1 m high, branched, sparsely covered with stiff hairs. **Leaves:** alternate, lower leaves stalked, up to 18 cm long and 5 cm broad, toothed with deep, rounded lobes; upper leaves similar but without stalks, shorter and less divided. **Inflorescence:** branched, terminal, consisting of many small flowers; flowers about 9 mm across with 4 yellow (sometimes white) petals, 4 sepals and 6 stamens. **Fruit:** a long capsule (siliqua), up to 5 cm long and about 1.5 mm broad, 4-angled, with a pointed terminal 'beak'. **Seeds:** oblong to elliptic, 0.8-1.2 mm long, light to dark brown. **Propagation:** by seed.

Distribution: widespread in East Africa (K1,3-7; T1-5,7,Z; U1-4) from 0-2 500 m; also present in Ethiopia, Rwanda, Somalia and the Sudan.

* * * * * * * * * *

Gugu linaloishi kwa muda wa mwaka mmoja. Limeenea zaidi kwenye mimea inayokuzwa mashambani, katika bustani na kando ya barabara. **Mzizi:** lina mzizi mkuu. **Shina:** linakua kiwimawima, kufikia urefu wa 1 m, lina matawi yenye singa ngumu. **Majani:** huota yakifuatana moja baada ya moja, hufikia urefu wa 18 cm na upana wa 5 cm, yana menomeno. **Maua:** mashada ya maua mengi madogo huota katika vilele vya shina na matawi. Kila ua lina majani manne ya ua yenye rangi ya manjano (mara nyingine huwa meupe), vijani vinne vya shikio la ua na sehemu sita zenye mbelewele. **Tunda:** gamba lenye urefu upatao 5 cm na upana upatao 1.5 mm, lina pembe nne na limechongoka. **Mbegu:** zina urefu upatao 0.8-1.2 mm, huwa na rangi ya kahawa. **Mtawanyiko:** gugu hili hutawanyika kwa njia ya mbegu.

Maenezi: limeenea Afrika Mashariki (K1,3-7); T1-5,7,Z; U1-4) kutoka pwani hadi urefu wa mita 2 500; pia linapatikana Ethiopia, Rwanda, Somalia na Sudan.

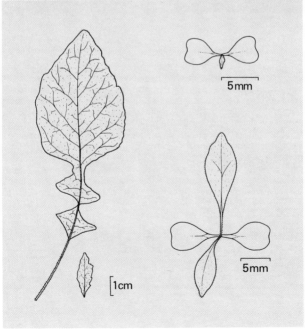

Raphanus raphanistrum L.

Cruciferae

Common names/Majina ya kawaida: runch (E), wild raddish (E), white charlock (E)

Annual herb, established as a weed of cereals and other arable crops in the highlands, especially on acid soils. **Root:** an unswollen tap root. **Stem:** erect, usually branched, up to 1 m high, with bristly hairs. **Leaves:** alternate, up to 15 cm long, with large terminal lobe and several lateral lobes, toothed and hairy. **Inflorescence:** flowers white, purple or sometimes yellow, 12-18 mm in diameter, arranged in long, terminal racemes; petals 4. **Fruit:** a pod (siliqua), pointed at the tip, up to 9 cm long and 4 mm wide, constricted between the 3-9 seeds, breaking at the constrictions into 1-seeded pieces when ripe. **Seeds:** oval to round, brownish, 1.5-4 mm long. **Propagation:** by seed.

Distribution: locally common in the highlands but widespread from 15-2 750 m in Kenya (K3,4,6) and Tanzania (T3,6,7).

Closely related weed: *R. sativus* L. (common raddish) sometimes escapes from cultivation and becomes a weed. Unlike R. *raphanistrum*, the tap-root is swollen, the flowers are never yellow and the pod is only slightly constricted.

* * * * * * * * * *

Gugu linaloishi kwa muda usiozidi mwaka mmoja, ni gugu katika mimea ya nafaka na mimea mingine inayokuzwa mashambani kwenye sehemu za milima. **Mzizi:** lina mzizi mkuu usiovimba. **Shina:** hukua kiwimawima lina matawi mingi kufikia urefu wa 1 m, lina singa ngumu. **Majani:** yanafuatana moja baada moja, lina ndewe, menomeno na singa. **Maua:** ni meupe na mara nyengine huwa na rangi ya zambarau mbivu au rangi ya manjano, yana upana wa 12-18 mm; kila ua lina majani manne ya ua yenye rangi. **Tunda:** tumba lililochongoka, lina urefu ufikiao 9 cm na upana wa 4 mm, linapokomaa hukatika katika sehemu zenye mbegu moja. **Mbegu:** ya mviringo, nyekundu urefu wa 1.5-4 mm. **Mtawanyiko:** gugu hili hutawanyika kwa njia ya mbegu.

Maenezi: linapatikana katika sehemu za milima za Kenya, na sehemu zingine kuanzia 15-2 750 m (K3,4,6; T3,6,7).

Gugu hili linafanana na: *R. sativus* L. (ama "radish" ya kawaidi) mara kwa mara huponyoka kutoka mashambani inapolimwa na kuwa gugu kwenye sehemu zilimwazo. Tofauti na *R. raphanistrum*, mzizi mkuu ni kiazi, maua si manjano na kikoba cha mbegu hukunjamana kidogo tu.

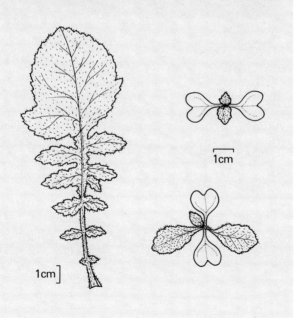

Cyperus blysmoides C.B. Cl.

Cyperaceae

Synonym/Kwa jina jingine: *Cyperus bulbosus* Vahl var. *spicatus* Boeck.

Common name/Jina la kawaida: watergrass (E)

Slender perennial sedge, locally abundant in some upland crops such as coffee and wheat. **Roots:** fibrous. **Stolons:** slender, rootlike, 40 or more produced from each shoot base, unbranched, with terminal bulbs. **Stem:** flowering stems erect, up to 35 cm high but usually smaller, slightly rough. **Leaves:** linear, very slender, 0.8-3 mm wide, sometimes fleshy, curved and 6-8 mm wide. **Inflorescence:** a single spike, without bracts; spikelets 3-6, linear, 8-15 mm long, dark reddish brown. **Fruit:** achene, 3-angled, brown. **Bulbs:** black, almost spherical, 4-6 mm in diameter. **Propagation:** by bulbs.

Distribution: limited to the highlands (500-1 800 m) of East Africa (K1,3,4; T2,3); also present in Ethiopia.

Closely related weeds with bulbs: *C. bulbosus* Vahl var. *melanolepis* Kuk. (branched stolons with terminal bulbs), *C. grandibulbosus* C.B. Cl. (golden inflorescence, bulbs in chains on branched stolons), *C. usitatus* Burch. var. *usitatus*, *C. usitatus* Burch. var. *macrobulbus* Kuk. and *C. usitatus* var. *stuhlmannii* (C.B. Cl.) K. Lye (shoot does not emerge from the bulb but at the soil surface from a vertical stolon produced by the bulb).

* * * * * * * * * *

Cyperus blysmoides (contd)

Gugu aina ya kangaja, ni jembamba na huishi kwa muda wa miaka mingi, humea kwa wingi kati ya mibuni na mimea ya ngano. **Mizizi:** ya nyuzinyuzi. **Vitawi vinavyotambaa juu ya udongo:** vitawi arobaini au zaidi huota kutoka sehemu ya chini ya shina, havina matawi na ncha zake hufanya vinundu. **Shina:** hukua kiwimawima kufikia urefu wa 35 cm, lakini mara nyingi huwa fupi zaidi. **Majani:** ni membamba sana (upana wake ni 0.8-3 mm), lakini mara nyingine huwa na upana wa 6-8 mm. **Maua:** kila shina lina suke moja, chini ya suke hakuoti vijani; kila suke lina visuke vidogo vitatu hadi sita, vyenye urefu wa 8-15 mm na rangi nyekundu. **Tunda:** ni jekundu na lina pembe tatu. **Vinundu kwenye vitawi:** ni vyeusi na umbo lake linakaribia kuwa duara, hufikia upana wa 4-6 cm. **Mtawanyiko:** gugu hili hutawanyika kwa kutumia vinundu vya vitawi.

Maenezi: limeenea tu katika sehemu za milima (500-1 800 m) za Afrika ya Mashariki (K1,3,4; T2,3); pia linapatikana Ethiopia.

Magugu yenye vinundu yanayofanana na gugu hili: *C. bulbosus* Vahl var. *melanolepis* Kuk. (vitawi vyake vina matawi na vinundu kwenye ncha zaka), *C. grandibulbosus* C.B. Cl. (maua yake yana rangi ya dhahabu), *C. usitatus* Burch. var. *usitatus*, *C. usitatus* Burch. var. *macrobulbus* Kuk. na *C. usitatus* var. *stuhlmannii* (C.B. Cl.) K. Lye (vitani haritoki kwa vinundu lakini huwa juu ya mchanga).

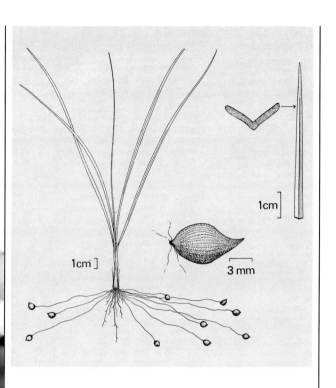

Cyperus esculentus L.

Cyperaceae

Common names/Majina ya kawaida: esaka (Ekegusii), ndago (Kiriba), ngothe (Kikuyu), yellow nutsedge (E)

Perennial sedge, widely distributed in arable land and irrigated areas. **Roots:** fibrous. **Stem:** flowering stem erect, to 60 cm, 3-sided, smooth, with slender shoot base. **Stolons:** soft, often 9 or more arising from shoot base, up to 15 cm long and 0.5-1.5 mm thick, with terminal tubers or daughter shoots. **Leaves:** linear, up to 9 mm wide, with a long, narrow, V-shaped tip; equal in length to the flowering stem or shorter; emerging from base of shoot. **Inflorescence:** umbel terminal, open, subtended by several leafy bracts; rays 2-10 cm long, support yellowish, blunt spikelets 5-20 mm long. **Fruit:** achene, 3-angled, 1.3-1.5 mm long, grey and shiny. **Tubers:** nearly spherical, about 10 mm in diameter, dark brown. **Propagation:** by seeds and tubers.

Distribution: widespread above 500 m in East Africa (K3-5; T2,5-7; U2-4) but most common in the highlands (1 500-2 100 m); also present in Ethiopia, Malawi and Zambia.

Closely related weeds with tubers: *C. longus* L. var. *tenuiflorus* (Rottb.) Boeck. and *C. rotundus* ssp. *tuberosus* (Rottb.) Kuk. See also *C. rigidifolius* and *C. rotundus*.

* * * * * * * * * *

Cyperus esculentus (contd)

Gugu aina ya kangaja, huishi kwa muda wa miaka mingi, limeenea sana katika ardhi zinazolimika na kwenye ukulima wa kunyunyizia maji. **Mizizi:** ya nyuzinyuzi. **Shina:** shina linaloota maua hukua kiwimawima kufikia urefu wa 60 cm, lina pembe tatu, ni laini na sehemu yake ya chini ni nyembamba. **Vitawi vinavyotambaa ndani ya udongo:** ni vyororo, huota vitawi tisa au zaidi kutoka sehemu ya chini ya shina hufikia urefu 15 cm na unene 0.5-1.5 mm, kwenye ncha zake hufanya vinundu ama vishina vidogo. **Majani:** upana wake hufikia 9 mm, yana ncha ndefu zilizo nyembamba, urefu wake sawa na urefu wa shina lakini yanaweza kuwa mafupi kuliko shina; huota kutoka sehemu ya chini ya shina. **Maua:** huota kwenye kilele cha shina, urefu wa vishale 2-10 cm vyenye viua butu vya 5-20 mm; shada lililowazi, chini yake huota vijani vingi. **Tunda:** lina pembe tatu na rangi yake ni nyekundu, urefu 1.3-1.5 mm. **Vinundu vyenye umbo mfano wa viazi:** vina umbo la duara, upana wake ni 10 mm na rangi yake nyekundu. **Mtawanyiko:** gugu hili hutawanyika kwa njia ya mbegu na vinundu vya mizizi.

Maenezi: limeenea sana katika Afrika ya Mashariki (K3-5; T2,5-7; U2-4) kwenye sehemu zilizo na urefu zaidi ya 500 m, lakini kwa kawaida linapatikana kwenye sehemu za milima (1 500-2 100 m). Pia linapatikana Ethiopia, Malawi na Zambia.

Magugu yenye vinundu yanayofanana na gugu hili: *C. longus* L. var. *tenuiflorus* (Rottb.) Boeck., na *C. rotundus* ssp. *tuberosus* (Rottb.) Kuk. Ona pia *C. rigidifolius* na *C. rotundus.*

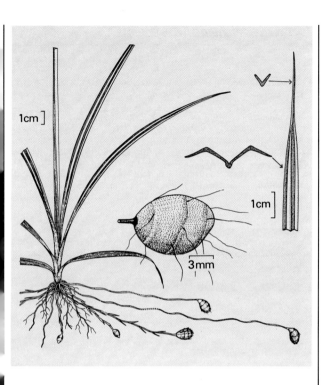

Cyperus rigidifolius Steud.

Cyperaceae

Common names/Majani ya kawaida: entwani (Kisii), highland nutsedge (E)

Perennial sedge, found only in the highlands where it can be a problem in pastures, and for pyrethrum and other crops, especially where there is little or no cultivation. **Roots:** fibrous. **Rhizomes:** stout, dark, woody, connecting daughter shoots and tubers. **Stem:** flowering stem erect, up to 50 cm high but also occurring in much-reduced forms. **Leaves:** linear, up to 15 cm long, usually shorter than the flowering stem, shiny, tough (hence the name) and can withstand frequent trampling. **Inflorescence:** spikes 8-20 mm long consisting of dark red-brown to black spikelets, 5-15 mm long and 1.5-2.5 mm wide, crowded in dense ovate spikes, often reduced. **Fruit:** achene, 3-angled, greyish brown, 1.3-1.5 mm long. **Tubers:** little more than irregularly shaped swellings on the rhizomes. **Propagation:** by rhizomes and tubers.

Distribution: widespread in East Africa (K2-6; T2-4,7; U2) but only at high elevations (1 200-3 350 m).

Closely related weed: see *C. esculentus.*

* * * * * * * * * *

Gugu aina ya kangaja, huishi kwa muda wa miaka mingi, linapatikana tu kwenye sehemu za milima ambako linatatiza ukuzaji wa nyasi za malisho, ukulima wa pareto na mimea mingine. **Mizizi:** ya nyuzinyuzi. **Vitawi vinavyotambaa kwenye ardhi:** ni vinene, vyeusi na vina asili ya mti. **Shina:** linakua kiwimawima, hufikia urefu wa 50 cm lakini pia linaweza kuwa fupi sana. **Majani:** huwa mafupi kuliko shina linaloota maua, urefu hufikia 15 cm, linang'aa, ni gumu na linastahimili kuvyogwavyogwa. **Maua:** shada lenye vijisuke vingi vyenye rangi nyekundu au nyeusi, vina urefu wa 5-15 mm na upana wa 1.5-2.5 mm. **Tunda:** urefu 1.3-1.5 mm, lina pembe tatu na jekundu. **Mizizi viazi:** huwa haina umbo maalumu na ni uvimbe tu wa vitawi ardhini. **Mtawanyiko:** gugu hili hutawanyika kwa kutumia vitawi vinavyotambaa ndani ya mchanga na vinundu katika mizizi (kama viazi).

Maenezi: limeenea sana katika Afrika ya Mashariki (K2-6; T2-4,7; U2) lakini linapatikana tu kwenye sehemu za miinuko mikubwa (1 200-3 350 m).

Gugu hili linafanana na: *C. esculentus.*

Cyperus rotundus L. ssp. *rotundus*

Cyperaceae

Common names/Majina ya kawaida: burburetyek (Kipsigis), endwani (Ekegusii), kikatu (Kikuyu), masinde (Kiswahili), ndago (Kiribai, Kiswahili), ngothe (Kiswahili), nutgrass (E), purple nutsedge (E)

Perennial sedge, highly variable, reputed to be the most serious weed in the world. It commonly occurs in arable land and tree crops, especially when irrigated or when weed control by minimum tillage is practised. **Roots:** fibrous. **Rhizomes:** wiry, dark, persistent, 2-3 per shoot base, connecting a network of tubers and daughter shoots. **Stem:** flowering stem erect, up to 60 cm high, 3-sided, smooth, with swollen base. **Leaves:** linear, usually shorter than the flowering stem, up to 6 mm wide, emerging from a sheath around the shoot base. **Inflorescence:** umbel, terminal, open, subtended by several leafy bracts; several unequal rays, 2-6 cm long, support 3-8 reddish-brown to purplish-brown, flattened and pointed spikelets 1-2 cm long × 2 mm wide. **Tubers:** dark brown to black, irregularly shaped, 1-2 cm long; can be 30 cm but rarely more below the soil surface. **Fruit:** achene, 3-angled, 1.5 mm long, dark brown or black. **Propagation:** by seed (probably of minor importance) and by tubers.

Distribution: widespread from 0-2 000 m in East Africa (K1-7; T1-3,6,7,Z; U1-4); also present in Ethiopia, Malawi, Somalia, the Sudan and Zambia.

Closely related weeds: *C. rotundus* L. ssp. *tuberosus* (Rottb.) Kuk. (glumes longer and more acute than in ssp. *rotundus;* associated with hot lowlands, especially in Tanzania). See also *C. esculentus.*

* * * * * * * * * *

Cyperus rotundus (contd)

Gugu aina ya kangaja, huishi kwa muda wa miaka mingi, linasifika sana kwa kutatiza ukulima ulimwengu mzima. Kwa kawaida humea kwenye ardhi zinazolimika, kati ya mimea aina ya miti, hasa kwenye ukulima wa kunyunyizia maji. **Mizizi:** ya nyuzinyuzi. **Vitawi vinavyotambaa kwenye udongo:** ni vyeusi na vinadumu kwa muda murefu, kila shina lina vitawi viwili hadi vitatu vinayoota kutoka sehemu ya chini ya shina. **Shina:** hukua kiwimawima kufikia urefu wa 60 cm, lina pembe tatu, ni laini, sehemu yake ya chini imevimba. **Majani:** ni mafupi kuliko shina linaloota maua, upana wake hufikia 6 mm. **Maua:** shada lililowazi na linaloota katika kilele cha shina, chini yake huota vijani vingi; urefu wa vishale vya maua ni 2-6 cm; kila shada lina visuke bapa vyekundu vyenye urefu wa 1-2 cm na upana wa 2 mm. **Mizizi viazi:** rangi yake nyekundu au nyeusi, ina urefu wa 1-2 cm, inaweza kufikia 30 cm lakini mara chache huzidi hapo. **Tunda:** lina pembe tatu na urefu wa 1.5 mm, rangi yake nyekundu au nyeusi. **Mtawanyiko:** gugu hili hutawanyika kwa njia ya mbegu na vinundu vya mizizi.

Maenezi: limeenea sana katika Afrika ya Mashariki (K1-7; T1-3,6,7,Z; U1-4), kutoka pwani hadi katika sehemu zenye urefu wa 2 000 m; pia linapatikana Ethiopia, Malawi, Somalia, Sudan na Zambia.

Gugu hili linafanana na: *C. rotundus* L. ssp. *tuberosus* (Rottb.) Kuk. (vishada ni virefu na ncha zake ni kali kuliko katika mmea aina *rotundus*; linahusikana zaidi na sehemu za usawa mdogo za joto hasa Tanzania).

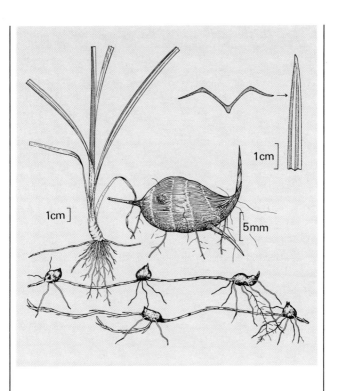

Cyperus teneristolon Mattf. & Kuk.

Cyperaceae

Synonyms/Majina mengine: *Cyperus transitorius* Kuk., *Kyllinga pulchella* Kunth

Common name/Jina la kawaida: esaka (Ekegusii)

Perennial sedge, highly variable, locally common and important as a weed of crops in the highlands. **Roots:** fibrous. **Stem:** flowering shoot up to 50 cm high, tufted or with short rhizome and long slender stolons. **Leaves:** 1-3 mm wide; margins scabrid. **Inflorescence:** heads purple to black with cylindrical central spike 6-10 mm wide and with small lateral spikes; leafy bracts 3-5, up to 15 cm long. **Fruit:** an achene. **Propagation:** by rhizomes and stolons, perhaps also by seed.

Distribution: localized in the uplands of Kenya and Tanzania (K3,4; T1-3); also present in Ethiopia.

Closely related weeds: *Kyllinga bulbosa* P. Beauv. (chains of tuberlike shoot bases on branching stolons), *K. erecta* Schumach. (shoots emerge in lines from creeping rhizome; flower heads greenish yellow), *K. odorata* Vahl var. *major* (C.B. Cl.) Chiov. (tufted, from creeping rhizomes; flower head pyramid shaped, white). *K. squamulata* Thonn. ex Vahl (tufted, weak, annual, usually on moist sandy soils; glumes with toothed keels).

* * * * * * * * * *

Gugu aina ya kangaja, huishi kwa muda wa miaka mingi, linatatiza sana ukuzaji wa mimea katika sehemu za milima. **Mizizi:** ya nyuzinyuzi. **Shina:** hufikia urefu wa 50 cm, lina umbo la kishungi amahuwa na vitawi vifupi vinavyotambaa ndani ya mchanga. **Majani:** urefu 1-3 mm; kingo zina uvimbe wa kipele. **Maua:** mashada yenye rangi nyekundu; suke la katikati lina umbo la mviringo na upana wa 6-10 mm, masuke yanayolizunguka huwa madogo. **Tunda:** aina ya kijiwe. **Mtawanyiko:** gugu hili hutawanyika kwa kutumia vitawi vinavyotambaa ndani ya mchanga na mbegu.

Maenezi: K3,4; T1-3; pia linapatikana Ethiopia.

Gugu hili linafanana na: *Kyllinga bulbosa* P. Beauv. (minyororo ya vishina vilivyotuna na kutungwa kwenye mashina yaliyo ardhini), *K. erecta* Schumach. (maua yake yana rangi kati ka kijani na manjano), *K. odorata* Vahl var. *major* (C.B. Cl.) Chiov. (gugu lenye umbo la kishungi; huota kwa vitawi vinavyotambaa ndani ya mchanga; maua yake ni meupe), *K. squamulata* Thonn. ex Vahl (lina umbo la kishungi, huishi kwa muda usiozidi mwaka mmoja, kwa kawaida huota kwenye mchanga wa tifutifu wenye maji mengi).

Euphorbia hirta L.

Euphorbiaceae

Common names/Majina ya kawaida: acak (Lango), akajwa amatu (Lutoro, Lunyoro), akasandasanda (Luganda), akawjamate (Runyankore), asthma weed (E), mbabazi za ntaama (Runyankore)

Annual herb, common in arable land, grassland, lawns, waste places and on roadsides. **Root:** a tap-root. **Stem:** prostrate at first, becoming erect, up to 50 cm high, branched, purplish with yellowish hairs and with milky latex. **Leaves:** opposite pairs in one plane, narrowly ovate, 2-3 cm long, finely toothed, underside hairy, with short stalks. **Inflorescence:** dense clusters in leaf axils, 5-10 mm across; flowers small, pinkish; petals absent. **Fruit:** a capsule, yellowish, about 1 mm, containing 3 small, brown seeds. **Propagation:** by seed.

Distribution: common throughout East Africa; also present in Ethiopia, Malawi, Somalia and Zambia.

Closely related weeds: *E. prostrata* Ait. (prostrate, numerous slender branches, small leaves), *E. inaequilatera* Sond. (leaves asymetric, toothed on side away from stem), *E. heterophylla* L. (synonym = *E. geniculata* Orteg.; erect, up to 90 cm, usually unbranched), *E. crotonoides* Boiss. and *E. systyloides* Pax (erect, branched, hairy).

* * * * * * * * * *

Gugu linaloishi kwa muda usiozidi mwaka mmoja, kwa kawaida hupatikana kwenye ardhi zinazolimika, ardhi zenye nyasi, bustani, ardhi zisizotumiwa na kando ya barabara. **Mzizi:** lina mzizi mkuu. **Shina:** kwanza hutambaa chini na halafu huinuka kufikia urefu wa 50 cm; lina matawi na rangi ya zambarau mbivu; lina singa zenye rangi ya manjano; linapokatwa, hutokwa na utomvu unaofanana na maziwa. **Majani:** huota yakielekeana mawili mawili, yana urefu wa 2-3 cm, yana menomeno na pande zake za chini huwa na singa. **Maua:** mashada ya maua huota kwenye makwapa ya majani, yana upana wa 5-10 mm; kila shada lina maua madogo mekundu; maua hayana petali. **Tunda:** gamba lenye mbegu, lina rangi ya manjano, urefu karibu 1 mm, kila gamba lina mbegu tatu ambazo ni ndogo na nyekundu. **Mtawanyiko:** gugu hili hutawanyika kwa njia ya mbegu.

Maenezi: limeenea kote Afrika ya Mashariki; pia linapatikana Ethiopia, Malawi, Somalia na Zambia.

Gugu hili linafanana na: *E. prostrata* Ait. (ni gugu linalotambaa chini, lina matawi mengi madogo na majani madogo), *E. inaequilatera* Sond. (lina matawi yenye menomeno mbali na shina), *E. heterophylla* L. (jina jingine = *E. geniculata* Orteg.; linakua kiwimawima, urefu 90 cm, kawaida halina matawi), *E. crotonoides* Boiss. na *E. systyloides* Pax (hukua kiwimawima, lina matawi na singa).

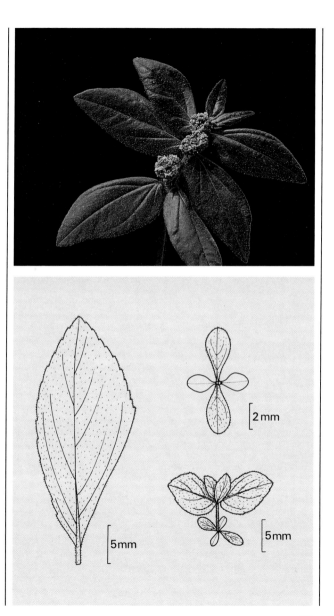

Avena fatua L.

Gramineae

Common names/Majina ya kawaida: ribanchore (Ekegusii), wild oat (E)

Annual grass, of limited distribution, but a serious weed of cereals in some highland areas. **Root:** fibrous. **Stem:** culms stout, 30-150 cm high, often bent at the nodes and becoming erect, tillering from base. **Leaves:** leaf blades flat, 10-45 cm long and 3-15 mm wide, hairless, rough; ligules up to 6 mm long. **Inflorescence:** panicle, branched, spreading, 10-40 cm long and up to 20 cm wide; spikelets pendulous, 18-28 mm long, consisting of 2-3 florets enclosed by a pair of papery glumes; awns 2-3 per spikelet, up to 4 cm long, twisted in lower part and bent near the middle, attached to the lemma on each floret; lemmas 14-20 cm long, with many hairs up to 4 mm long. **Grain:** 9 mm long, hairy. **Propagation:** by grain.

Distribution: confined to the highlands from 2 100-2 400 m in East Africa (K3,4; T2); also present in Ethiopia and Zambia.

Closely related weeds: *A. sterilis* L. ssp. *ludoviciana* (Dur.) Nyman. (= *A. ludoviciana* Durieu), *A. sterilis* var. *maxima* Perez Lara. and *A. sterilis* var. *macrocarpa* Moench occur in Kenya. They differ from *A. fatua* by having no awn on the third floret (if present) and mature seeds of spikelet fall together as a unit instead of separately.

* * * * * * * * * *

Gugu aina ya nyasi, huishi kwa muda usiozidi mwaka mmoja, linatatiza ukulima wa mimea ya nafaka katika baadhi ya sehemu za milima. **Mzizi:** ni nyuzinyuzi. **Shina:** ni nene, lina urefu wa 30-150 cm, huota matawi katika sehemu yake ya chini. **Majani:** yanakwaruza, yana urefu wa 10-45 cm na upana wa 3-15 mm, vitawi vya majani hufikia 6 cm urefu. **Maua:** shada lenye matawi, lina urefu wa 10-40 cm na upana wa 20 cm (shada hujitawanya); visuke vyake huning'inia na vina urefu wa 18-28 mm. **Mbegu:** zina singa na urefu wake ni 9 mm. **Mtawanyiko:** gugu hili hutawanyika kwa njia ya mbegu.

Maenezi: katika Afrika ya Mashariki linapatikana kwenye sehemu za milima tu, zenye urefu wa 2 100-2 400 m (K3,4; T2); pia linapatikana Ethiopia na Zambia.

Gugu hili linafanana na: *A. sterilis* L. ssp. *ludoviciana* (Dur.) Nyman. (= *A. ludoviciana* Durieu), *A. sterilis* var. *maxima* Perez Lara. na *A. sterilis* var. *macrocarpa* Moench (magugu yanayopatikana Kenya). Yanahitilafiana na *A. fatua* kwa kutokuwa na gamba lenye ncha katika kiua cha tatu (endapo kipo) na mbegu zilizokomaa katika kishada huanguka pamoja na sio kila moja peke yake.

Bromus pectinatus Thunb.

Gramineae

Common name/Jina la kawaida: brome grass (E)

Tufted annual grass, locally common as a weed in highland cereals. **Roots:** fibrous. **Stem:** culm erect, 10-80 cm high (150 cm in Ethiopia). **Leaves:** leaf blades 5-30 cm long and 2-8 mm wide; sheaths hairy. **Inflorescence:** panicle oblong, 5-25 cm long; spikelets laterally flattened, 13-20 mm long and 5 mm wide, consisting of 4-7 flowers; awns 9-17 mm long, straight, attached 1-3 mm below the tips of the lemmas. **Grain:** about 10 mm long and 1.5 mm wide. **Propagation:** by grain.

Distribution: highlands from 2 200-3 000 m in East Africa (K3; T7; U1); also present in Ethiopia and the Sudan.

Closely related weed: *B. diandrus* Roth (awn 35-60 cm long).

* * * * * * * * * * *

Gugu aina ya nyasi, ambalo huishi kwa muda usiozidi mwaka mmoja; ni gugu la kawaida kwenye mimea ya nafaka inayokuzwa katika sehemu za milima. **Mizizi:** ya nyuzinyuzi. **Shina:** hukua kiwimawima, urefu wake ni 10-80 cm (katika Ethiopia huwa na urefu wa 150 cm). **Majani:** yana urefu wa 5-30 cm na upana wa 2-8 mm; sehemu ya chini ya jani huwa na singa. **Maua:** yako katika mashada yaliko katika kibakuli; vishada vi bapa, urefu 13-20 mm, upana 5 mm, vikiwa na viua 4-7; ncha za gamba la viua ni 9-17 mm urefu, zimenyooka zikiwa 1-3 mm chini ya ncha maua. **Mbegu:** kawaida zina urefu wa 10 mm na upana 1.5 mm. **Mtawanyiko:** gugu hili hutawanyika kwa njia ya mbegu.

Maenezi: limeenea katika sehemu za milima (zenye urefu wa 2 200-3 000 m) za Afrika ya Mashariki (K3; t7; u1); pia linapatikana Ethiopia na Sudan.

Gugu hili linafanana na: *B. diandrus* Roth (chandalua 35-60 cm).

79

Chloris pycnothrix Trin.

Gramineae

Common names/Majina ya kawaida: apama (Luo), ekode (Ateso), false star grass (E)

Annual grass, widely distributed as a weed of annual and perennial crops and waste land on light and heavy soils, but especially on dry, gravelly types. **Root:** fibrous. **Stem:** culms erect or, more usually, bent at the nodes and ascending, up to 50 cm high, often rooting at the lower nodes, sometimes stoloniferous. **Leaves:** leaf blade flat, 2-10 cm long and 3-5 mm wide; tip rough on margin and rounded. **Inflorescence:** star-shaped whorl of 2-8 spikes, 4-10 cm long; spikelets 2-flowered with a purplish awn, 11-27 mm long, on the lowest lemma and a shorter awn, if present, on the second lemma. **Grain:** 3 mm long. **Propagation:** by grain.

Distribution: widespread from 0-2 300 m in East Africa (K1-7; T1-8,P,Z; U1-4); also present in Ethiopia, Malawi, Rwanda, the Sudan, Zambia and throughout tropical Africa.

Closely related weeds: *C. barbata* Sw. (perennial, near coast, from 0-400 m), *C. guyana* Kunth (perennial, 0.5-2.2 m high), *C. pilosa* Schumach. (annual; leaf tip pointed; awns short; spikelets falling when ripe and leaving herringbonelike glumes and rhachises), *C. virgata* Sw. (annual; leaf tapering at apex; spikelets 2-3 flowered; lemmas hairy; awns 2, 5-15 mm long).

* * * * * * * * * * *

Chloris pycnothrix (contd)

Ni gugu aina ya nyasi, linaishi kwa muda usiozidi mwaka mmoja; limeenea zaidi kwenye mimea inayoishi kwa muda wa mwaka mmoja, pia kwenye ardhi zisizotumiwa, hasa kwenye mchanga mkavu wenye changarawe. **Mzizi:** ni nyuzinyuzi. **Shina:** linakua kiwimawima, lakini (kawaida) sehemu zake za chini huwa zimekunjika kwenye viungo; hufikia urefu wa 50 cm, mara nyingi huota mizizi kwenye viungo vyake vya chini; mara nyingine shina hukua likitambaa chini. **Majani:** mapanapana, urefu wa jani unapata 2-10 cm na upana 3-5 mm, ncha zake butu. **Maua:** yana umbo la nyota; kila ua moja huwa na masuke yapatayo mawili hadi manane na yenye urefu upatao 4-10 cm; vishada vina viua viwili vyenye ukingo ambao ncha yake ni samawati, urefu 11-27 mm, kutoka kingo za ua zilizo mwanzo kabisa au za pili yake. **Mbegu:** urefu 3 mm. **Mtawanyiko:** kwa njia ya mbegu.

Maenezi: gugu limeenea katika Afrika ya Mahariki, kutoka pwani hadi sehemu zenye urefu wa 2 300 m (K1-7; T1-8,P,Z; U1-4); pia linapatikana Ethiopia, Malawi, Rwanda, Sudan, Zambia na sehemu zote za hali ya joto katika Africa.

Gugu hili linafanana na: *C. barbata* Sw. (linaloishi kwa muda wa miaka mingi, kutoka pwani hadi sehemu zenye urefu wa 400 m), *C. guyana* Kunth (linaloishi kwa muda wa miaka mingi, urefu wake ni 0.5-2.2 m), *C. pilosa* Schumach. (linaloishi kwa muda usiozidi mwaka mmoja; majani yenyencha kali), *C. virgata* Sw. (linaloishi kwa muda usiozidi mwaka mmoja; majani yana ncha zilizochongoka); vishada vina viua 2-3; vikinga ua vina nyuzi nyuzi; mbegu zina vikingo viwili vyenye ncha za urefu 5-15 mm.

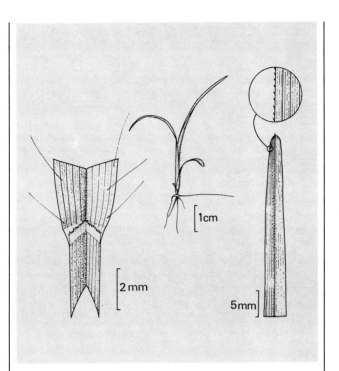

Cynodon nlemfuensis Vanderyst

Gramineae

Common names/Majina ya kawaida: chemorut (Kipsigis), emurwa (Ekegusii), kakodongo (Shambaa), lugowi (Kiswahili), ruchwamba (Ankole), rugoli (Sukuma), star grass (E)

Perennial grass, common and occasionally troublesome as a weed of arable land and perennial crops. **Root:** fibrous, from base of culm and from stolon nodes. **Stem:** culms slender to robust, 1-3 mm in diameter at the base, up to 60 cm high, soft; stolons lying flat on the ground, becoming woody, with nodes up to 1 m apart. **Leaves:** blades flat, up to 16 cm long and 6 mm wide, grey-green to green, with or without scattered hairs; ligule small. **Inflorescence:** spikes (racemes) 4-5 (sometimes as many as 13), up to 10 cm long, arranged in a whorl at the end of the stem; spikelets on racemes 2-3 mm long, green or purplish. **Grain:** about 2 mm long. **Propagation:** by stolons and grains.

Distribution: widespread from 300-2 300 m in East Africa (K1-7; T1-8, Z; U1-4); also present in Ethiopia, Malawi, the Sudan and Zambia.

Closely related weeds: two varieties of *C. nlemfuensis* are recognized, var. *nlemfuensis* and var. *robustus*, of which the latter is the more robust. *C. dactylon* (L.) Pers. is very similar but has stolons and underground rhizomes. *C. plectostachyus* (K.Schum.) Pilg. has stolons but no rhizomes, is up to 90 cm high and is generally more robust.

* * * * * * * * * *

Gugu linaloishi kwa muda wa miaka mingi, mara nyingi hutatiza sana ukulima. **Mzizi:** ni nyuzinyuzi, huota kwenye tako la shina na pia kwenye vifundo vya vitawi vinavyotambaa juu ya mchanga. **Shina:** katika sehemu yake ya chini lina upana wa 1-3 mm, huwa na urefu unaofikia 60 cm, ni laini; vitawi vyake hulala chini mchangani, urefu kutoka kifundo hadi kifundo kingine hufikia hata 1 m. **Majani:** yana urefu unaofikia 16 cm na upana wa 6 mm, mara nyingine huwa na singa zilizotawanyika. **Maua:** masuke 4-5 yenye urefu unaofikia 10 cm, kwenye kilele cha shina; visuke vina urefu 2-3 mm, rangi ya kijani au zambarau mbivu. **Mbegu:** kama 2 mm urefu. **Mtawanyiko:** kwa njia ya mbegu na vitawi vinavyotambaa ardhini.

Maenezi: limeenea zaidi katika Afrika ya Mashariki (K1-7; t1-8,z; u1-4), kutoka pwani hadi sehemu zenye urefu wa 2 300 m; pia linapatikana Ethiopia, Malawi, Sudan na Zambia.

Gugu hili linafanana na: aina mbili za *C. nlemfuensis* zinatambulikana, *nlemfuensis* na *robustus*, ya pili yake ikiwa ndiyo imara zaidi. *C. dactylon* (L.) Pers. inafanana sana na gugu hili ila ina vishina ardhini na juu ya ardhi.

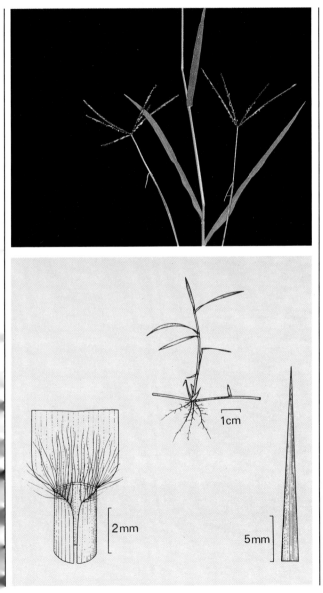

Dactyloctenium aegyptium (L.) Willd.

Gramineae

Common names/Majina ya kawaida: crows-foot grass (E), ewud-mondu (Ateso), ribanchore (Ekegusii)

Annual grass, robust, spreading, highly variable, common in arable land, pastures, fallows and waste areas. **Roots:** fibrous. **Stem:** prostrate to semi-erect, up to 70 cm or more high, much branched, rooting at lower stem nodes. **Leaves:** linear, flat, 3-25 cm long × 2.5-7.5 mm or more wide, pointed, hairy (especially at margins). **Inflorescence:** spikes, usually 3-5, digitately arranged, terminal, 1-6 cm long × 5-8 mm wide, with pointed tips; spikelets 3-4 mm long in 2 rows on the under-side of the rhachis. **Grain:** about 1 mm in diameter, wrinkled, brown. **Propagation:** by grain and by rooting at the stem nodes.

Distribution: in all parts of East Africa (K1-7; T1-8,P,Z; U1-4) from 0-2 100 m and throughout Africa.

Closely related weed: *D. giganteum* Fisher & Schweik. (more robust and erect; anthers much longer).

* * * * * * * * * * *

Gugu aina ya nyasi, linaloishi kwa muda usiozidi mwaka mmoja, ni nene; ni gugu la kawaida katika ardhi zinazolimika, malisho, ardhi zinazopumzishwa na ardhi zisizotumiwa. **Mizizi:** ya nyuzinyuzi. **Shina:** hukua kiwimawima, urefu wake hufikia 70 cm ama zaidi, lina matawi mengi, huota mizizi katika vifundo vyake vya chini. **Majani:** yana umbo lililotandazika, yana urefu wa 3-25 cm na upana wa 2.5-7.5 mm ama zaidi, yamechongoka na yana singa (hasa kwenye kingo zake). **Maua:** masuke ambayo kawaida huwa matatu hadi matano; yamejipanga mfano wa vidole; huota katika kilele cha shina au ncha za matawi; yana urefu wa 1-6 cm na upana wa 5-8 mm na ncha zilizochongoka; vishada na 3-4 mm, safa 2 chini ya shina la ua. **Mbegu:** zina upana upatao 1 mm, ni nyekundu. **Mtawanyiko:** gugu hili hutawanyika kwa njia ya mbegu.

Maenezi: limeenea kote Afrika ya Mashariki (K1-7; T1-8,P,Z,; U1-4) kutoka pwani hadi katika sehemu zilizo na urefu wa 2 100 m, na kote Afrika.

Gugu hili linafanana na: *D. giganteum* Fisher & Schweik. (ambalo ni nene zaidi).

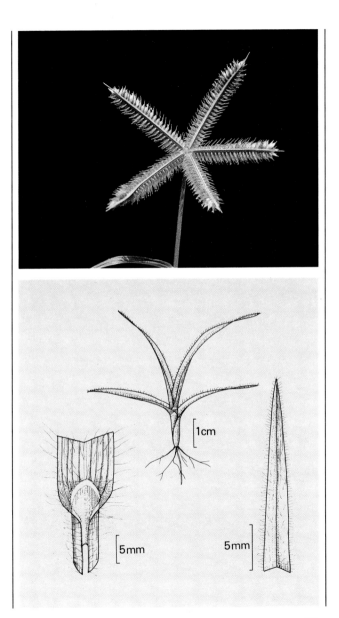

Digitaria abyssinica (A. Rich.) Stapf

Gramineae

Synonym/Kwa jina jingine: *D. scalarum* (Schweinf.) Chiov.

Common names/Majina ya kawaida: blue couch (E), chemorut
(Kipsigis), couch grass (E), ekenyambi (Ekegusii), lumbugu
(Luganda), lumbugu sogule (Sukuma), ombugu (Luo), sangari
(Kiswahili), sanguri (Chagga), siratet (Kipsigis), thangari
(Kikuyu)

Perennial grass, occurring throughout the region where it is one
of the most troublesome weeds of many crops. Death or severe
injury to crops can occur with bad infestations. **Roots:** fibrous.
Stem: culms erect, up to 1 m high, arising from long, slender
rhizomes. **Leaves:** leaf blade flat, up to 15 cm long and 3-8 mm
wide, often a bluish-green colour; ligule membranous.
Inflorescence: panicle of 2-10 upwardly pointing racemes, 2.5-8
cm long, attached in a more or less whorled arrangement on a
3-5 cm long axis; spikelets glabrous, about 2 mm long, elliptical,
in various shades of brown, grey and purple. **Propagation:**
mostly by rhizomes but possibly also by grain.

Distribution: widespread from 0-2 900 m in moister regions of
East Africa (K1-7; T1-8,P; U1-4); also present in Ethiopia,
Malawi, Somalia, the Sudan and Zambia.

Closely related perennial weeds: *D. gazensis* Rendle (tufted; spikelets hairy) and *D. milinjiana* (Rendle) Stapf (racemes 4-11, digitate or almost digitate).

* * * * * * * * * *

Digitaria abyssinica (contd)

Gugu aina ya nyasi, huishi kwa muda wa miaka mingi, linatatiza sana katika ukuzaji wa mimea mingi; linaweza kudhuru au hata kuua mimea. **Mizizi:** ya nyuzinyuzi. **Shina:** hukua kiwimawima, urefu wake hufikia 1 m; mashina huota kutoka kwenye vitawi vinavyotambaa ndani ya mchanga. **Majani:** yana umbo la kutandazika, urefu wake hufikia 15 cm na upana wake ni 3-8 mm; yana rangi kati ya samawati na kijani. **Maua:** shada lenye urefu wa 2.5-8 cm katika umbo la mviringo juu ya kishikizo 3-5 cm; vishada havina nyuzi nyuzi; ni kama 2 mm urefu, ni vya kitufe, aina tofauti za kahawia, kijivu au samawati. **Mtawanyiko:** gugu hili hutawanyika kwa kutumia vitawi vinavyotambaa ndani ya mchanga, lakini linaweza pia kutawanyika kwa kutumia mbegu.

Maenezi: limeenea zaidi kutoka pwani hadi katika sehemu zenye urefu wa 2 900 m, katika Afrika ya Mashariki (K1-7; T1-8,P; U1-4) hasa kwenye sehemu zinazopata mvua nyingi; pia linapatikana Ethiopia, Malawi, Somalia, Sudan na Zambia.

Gugu hili linafanana na: *D. gazensis* Rendle (masuke; vishada vina nyuzi nyuzi), *D. milinjiana* (Rendle) Stapf (vishika visuke 4-11, majani hukaribia kugawanyika au hugawanyika katika vijani vidogo).

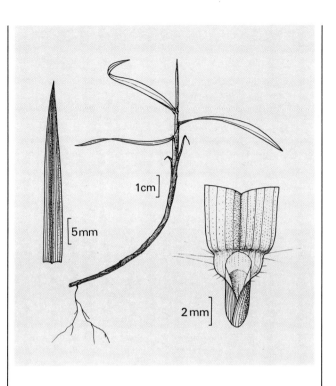

Digitaria velutina (Forssk.) P. Beauv.

Gramineae

Common names/Majina ya kawaida: epada, eriau (Ateso)

Slender, annual grass, very common as a weed of most crops in the region. **Roots:** fibrous. **Stem:** ascending, often bent at nodes, up to 120 cm high, rooting from lower nodes. **Leaves:** leaf blades flat, 2-15 cm long, 5-12 mm wide, softly hairy. **Inflorescence:** panicle consisting of 8-15 or more racemes up to 7 cm long, arranged along and around the axis; spikelets lanceolate, pointed, 2 mm long. **Grain:** grey, yellowish or brown. **Propagation:** by grain.

Distribution: widespread from 0-2 300 m in East Africa (K1-7; T1-8,Z; U1-4); also present in Ethiopia and Malawi.

Closely related annual weeds: *D. adscendens* (H.B.K.) Henr. (racemes 2-3(-7), digitate, 5-15 cm long; leaves up to 15 cm long), *D. ternata* (A. Rich.) Stapf (racemes 2-7, subdigitate, 5-15 cm long; fertile florets dark brown), *D. longiflora* (Retz.) Pers. (racemes 2-3, digitate, up to 7 cm long; fertile florets white), *D. ciliaris* (Retz.) Koel. and *D. nuda* Schumach.

* * * * * * * * * *

Gugu aina ya nyasi, linaloishi kwa muda usiozidi mwaka mmoja, lina umbo jembamba; ni gugu la kawaida katika mimea mingi inayokuzwa mashambani. **Mizizi:** ya nyuzinyuzi. **Shina:** mara nyingi hukunjika katika vifundo vyake; hufikia urefu wa 120 cm; huota mizizi katika vifundo vyake vya chini. **Majani:** jani lina umbo lililotandazika, urefu 2-15 cm na upana 5-12 mm, majani yana singa zilizo nyororo. **Maua:** shada lenye urefu unaofikia 7 cm, visuke huota kwenye na kuzungukia kishina; vishada ni kama mkuki, vimechongoka, 2 mm. **Mbegu:** rangi kijivu, njano au kahawia. **Mtawanyiko:** kwa njia ya mbegu.

Maenezi: limeenea zaidi katika Afrika ya Mashariki (K1-7; T1-8,Z; U1-4), kutoka pwani hadi kwenye sehemu zilizo na urefu wa 2 300; pia linapatikana Ethiopia na Malawi.

Gugu hili la mwaka linafanana na: *D. adscendens* (H.B.K.) Henr. (majani yana urefu ufikiao 15 cm), *D. ternata* (A. Rich.) Stapf (visuke 2-7, vimegawanyika nusu katika vishada 5-15 cm urefu; viua hutoa mbegu kamili, rangi kahawia); *D. longiflora* (Retz.) Pers. (visuke 2-3, vimegawanyika kabisa, hadi 7 cm urefu; viua vina hutoa mbegu kamili, nyeupe); *D. ciliaris* (Retz.) Koel. na *D. nuda* Schumach.

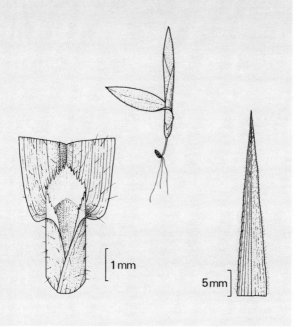

93

Eleusine indica (L.) Gaertn.

Gramineae

Common names/Majina ya kawaida: bek (Kipsigis), ekitu (Ateso), enguruma (Masai), kasibauti (Luganda), malulu (Kiswahili), orutaratari (Ankole), ribanchore (Ekegusii), wild finger millet (E)

Annual tufted grass, common in arable land, pastures, fallows and waste areas. **Roots:** fibrous. **Stem:** laterally flattened culms branch out from a whitish base; culms often prostrate at base, becoming erect, 15-85 cm high. **Leaves:** linear-lanceolate, 5-35 cm long × 2.5-6 mm wide, usually folded, hairless, with abruptly pointed tip; sheath, flattened, 6-9 cm or more long; ligule inconspicuous. **Inflorescence:** spikes 2-7 or more, green, 4-15 cm long, in a terminal whorl, often 1-2 spikes below the others; spikelets many, 4-5.5 mm long, in 2 rows along underside of rhachis. **Grain:** ridged, up to 2 mm long, reddish-brown to black, oblong-ovate. **Propagation:** by grain.

Distribution: widespread from 0-2 400 m in East Africa (K1-7; T1-8,P,Z; U1-4); also present in Ethiopia, Malawi, Somalia and Zambia.

Closely related weeds: two subspecies of *E. indica* are recognized - ssp. *africana* (Kennedy-O'Byrne) S.M. Phillips (synonym = *E. africana* Kennedy-O'Byrne) and ssp. *indica*, the former being more robust. Other weedy *Eleusine* spp. include *E. multiflora* A. Rich. (spikes short and broad), *E. jaegeri* Pilg. (perennial, very robust, in upland grasslands at 1 800-3 300 m).

* * * * * * * * * *

Gugu aina ya nyasi, huishi kwa muda usiozidi mwaka mmoja, lina umbo la kishungi; kawaida humea katika ardhi zinazolimika, kwenye malisho, ardhi zinazopumzishwa na ardhi zisizotumiwa. **Mizizi:** ya nyuzinyuzi. **Shina:** matawi huota kutoka sehemu ya chini ya shina iliyo nyeupe; sehemu za chini za matawi huwa zimelala chini lakini sehemu za juu hukua kiwimawima, urefu wake ni 15-85 cm. **Majani:** yana urefu wa 5-35 cm na upana wa 2.5-6 mm, kawaida huwa yamefungika, yana ncha kali; kinga, bapa, 6-9 cm au zaidi; vijani vidogo visionekana kwa urahisi. **Maua:** masuke mawili au zaidi, yana urefu wa 4-15 cm na rangi ya kijani. **Mbegu:** urefu wake hufikia 2 mm, rangi yake ni nyekundu au nyeusi. **Mtawanyiko:** gugu hili hutawanyika kwa njia ya mbegu.

Maenezi: limeenea zaidi katika Afrika ya Mashariki (K1-7; T1-8,P,Z; U1-4), kutoka pwani hadi katika sehemu zilizo na urefu wa 2 400 m; pia linapatikana Ethiopia, Malawi, Somalia na Zambia.

Gugu hili linafanana na: aina mbili za *E. indica* zinatambulikana — *E. africana* (Kennedy-O'Byrne) S.M. Phillips (jina jingine = *E. africana* Kennedy-O'Byrne) na *E. indica*, hii ya nyuma ikiwa imara zaidi. Aina nyingine za mmea wa *Eleusine* ni *E. multiflora* A. Rich. (vishika vishada ni vifupi na vipana), *E. jaegeri* Pilg. (huishi daima, ni imara sana, katika malisho ya nyanda za juu, 1 800-3 300 m).

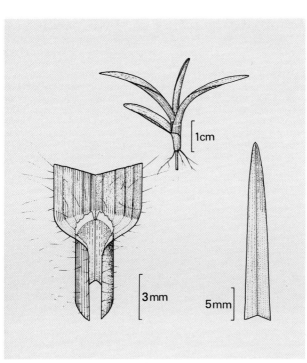

Eragrostis tenuifolia (A. Rich.) Steud.

Gramineae

Tufted annual or short-lived perennial grass; very common as a weed of arable land, grasslands, roadsides and undisturbed areas. **Root:** fibrous. **Stem:** culms 10-70 cm high, erect, with basal shoots compressed. **Leaves:** flat, 4-30 cm long and 1-3 mm wide. **Inflorescence:** a panicle, 5-20 cm long, branched, open; spikelets on long stalks, grey to dark green, distinctively saw-toothed, 4-16 mm long and 1-3 mm wide, consisting of 4-16 flowers. **Grain:** oblong, 1 mm long, flattened. **Propagation:** by grain.

Distribution: widespread from 0-2 800 m in East Africa (K1-7; T1-8,Z; U1-4) and throughout tropical Africa.

Closely related weeds: over 70 species of *Eragrostis* occur in East Africa of which the following have been recorded as weeds - *E. aspera* (Jacq.) Nees, *E. cilianensis* (All.) Lut., *E. ciliaris* (L.) R. Br., *E. tenella* (L.) Roem. & Schult. and *E. tremula* Steud. (all tufted annuals).

* * * * * * * * * *

Gugu aina ya nyasi, lenye umbo la kishungi. Huishi kwa muda usiozidi mwaka mmoja ijapo mara nyingine linaweza kuishi kwa muda mrefu zaidi. Linapatikana sana katika ardhi zinazotumiwa na zenye nyasi, kando ya barabara na katika ardhi zisizotumiwa. **Mzizi:** ya nyuzinyuzi. **Shina:** huota kiwimawima kufikia urefu wa 10-70 cm. **Majani:** yana urefu wa 4-30 cm na upana wa 1-3 mm. **Maua:** shada lenye urefu wa 5-20 cm, lina matawi; masuke huota katika vitawi virefu, yana rangi ya kijivu au ya kijani, yana menomeno na yana urefu wa 4-16 mm na upana wa 1-3 mm, kila suke lina maua manne hadi kumi na sita. **Mbegu:** imechongoka na ina urefu wa 1 mm. **Mtawanyiko:** hutawanyika kwa njia ya mbegu.

Maenezi: limeenea katika Afrika ya Mashariki kutoka pwani hadi sehemu zenye urefu wa 2 800 m (K1-7; T1-8,Z; U1-4); pia linapatikana katika sehemu nyingi za Afrika zenye jotojoto.

Gugu hili linafanana na: zaidi ya magugu mengine 70 ambayo hupatikana katika Afrika ya Mashariki; haya yafuatayo yamenakiliwa kama magugu - *E. aspera* (Jacq.) Nees, *E. cilianensis* (All.) Lut., *E. ciliaris* (L.) R. Br., *E. tenella* (L.) Roem. & Schult. na *E. tremula* Steud. (yote ni masuke ya mwaka).

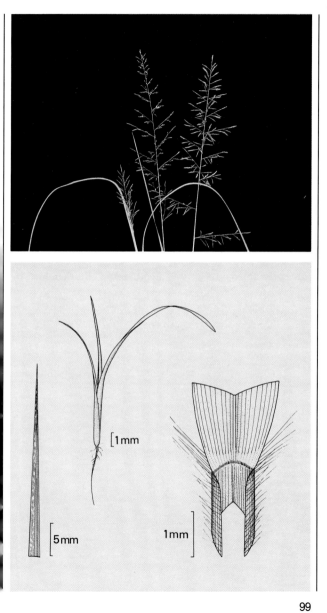

Imperata cylindrica (L.) Raeuschel

Gramineae

Common names/Majina ya kawaida: bibimbet (Kipsigis), ebiat, ebuyat (Ateso), ekebabe (Ekegusii), lalang, lusanke (Luganda), mtimbi (Kiswahili), ol'ungu (Masai), swordgrass (E)

Perennial grass, common in moist grasslands and as a weed of waste land, roadsides and annual and perennial crops, especially of coconuts and sometimes of sisal. Growth and establishment is encouraged by burning and shifting cultivation. **Root:** fibrous. **Stem:** culms short, erect, arising from the underground rhizomes; rhizomes up to 1 m or more long, occurring mostly in the upper 15 cm of the soil but penetrating to depths of 60 cm or more in light soils, extensively branched, covered with papery scale leaves. **Leaves:** stiff, linear-lanceolate, up to 120 cm long and 4-18 mm wide, arising from base of culm, with hard, pointed tip; ligule an inconspicuous membrane. **Inflorescence:** spikelike panicle, terminal, white, fluffy, cylindrical, 5-20 cm long and up to 2.5 cm in diameter; spikelets numerous, 3.5-5 mm long, each surrounded by a basal ring of silky hairs 10 mm long. **Grain:** oblong, pointed, 1-1.5 mm long, brown. **Propagation:** by rhizomes and by grain.

Distribution: widespread in East Africa (K3,5-7; T1,3-8,P,Z; U1-4) from 0-2 100 m, var. *africana* occurring inland and var. *major* being more closely associated with the coast. *I. cylindrica* is also present in Ethiopia, Malawi, Rwanda and Zambia.

Varieties: *I. cylindrica* var. *africana* (Anderss.) C.E. Hubb. (leaf blades flat, spikelets 3-5.7 mm long) and var. *major* (Nees) C.E. Hubb. (leaf blades flat; spikelets 2.2-3.2 mm long).

* * * * * * * * * *

Gugu aina ya nyasi, huishi kwa muda wa miaka mingi; ni gugu
la kawaida katika ardhi zisizotumiwa, kando ya barabara, kati
ya mimea inayoishi kwa muda asiozidi mwaka mmoja na mimea
inayoishi kwa muda wa miaka mingi, hasa chini ya minazi na,
mara nyingi, mkonge. Linapochomwa moto, hukua na
kuimarika kwake hutiwa nguvu. **Mzizi:** ya nyuzinyuzi. **Shina:** ni
fupi, wima; huota kutoka kwenye vishina vya ardhini vyenye
urefu unaofikia 1 m au zaidi, vikiwa zaidi kwenye sehemu ya juu
ya udongo 0-15 cm lakini hufikia kina cha 60 cm kwenye
udongo kichanga, matawi mengi sana yenye majani gamba aina
kikaratasi. **Majani:** magumu, urefu, wa kimkuki, hufikia 120 cm
na upana ni 4-18 mm. **Maua:** shada mfano wa suke, huota
katika kilele cha shina, ni jeupe na lina umbo la mviringo, lina
urefu wa 5-20 cm na upana wa 2.5 cm vishada vingi, urefu 3.5-5
mm, vikizungukwa na pete la nyuzi kihariri urefu 10 mm.
Mbegu: ni nyekundu na urefu wake ni 1-1.5 mm. **Mtawanyiko:**
kwa kutumia vitawi na mbegu.

Maenezi: limeenea zaidi katika Afrika ya Mashariki (K3,5-7;
T1,3-8,P,Z; U1-4). limeenea kutoka pwani hadi sehemu zilizo na
urefu wa 2 100 m; pia gugu hili hupatikana Ethiopia, Malawi,
Rwanda na Zambia.

Aina za gugu hili: *I. cylindrica* var. *africana* (Anderss.) C.E. Hubb. (majani ni bapa;
vishada vya maua urefu 3.5-7 mm) na *I. cylindrica* var. *major* (Nees) C.E. Hubb.
(majani ni bapa; vishada vya maua urefu 2.2-3.2 mm).

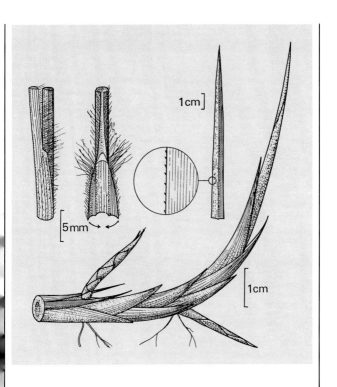

Panicum maximum Jacq.

Gramineae

Common names/Majina ya kawaida: achuku (Luo), Guinea grass (E), odunyo (Luo)

Perennial grass, robust, densely tufted, highly variable, widespread as a weed of arable and uncultivated land, most commonly on fertile soils. Useful for grazing and haymaking. **Roots:** fibrous. **Stem:** culms erect, flattened, 70-180 cm high (sometimes higher), often 10 mm in diameter at the base; nodes usually densely hairy. **Leaves:** leaf blades flat, 30-75 cm long and up to 3.5 cm wide, roughly hairy; sheath glandular-hairy to smooth; ligule (when present) short. **Inflorescence:** panicle open, spreading, 15-45 cm long and 15-45 cm wide; branches long, fairly stiff, ascending; lower branches whorled and tending to droop; spikelets solitary, oblong, 3-3.5 mm long. **Propagation:** by seed and by short rhizomes.

Distribution: widespread from 0-2 400 m in East Africa (K1-7; T1-8,P,Z; U1-4); also present in Ethiopia, Malawi, Rwanda, the Sudan and Zambia.

Closely related weed: *P. trichocladum* K. Schum. (trailing perennial).

* * * * * * * * * *

Gugu linaloishi kwa muda wa miaka mingi, ni nene; limeenea kama gugu katika ardhi zinazolimwa na ardhi zisizolimwa, sana kwenye udongo ulio na rutuba ya kutosha; linafaa kwa malisho ya wanyama. **Mizizi:** ya nyuzinyuzi. **Shina:** hukua kiwimawima, lina urefu wa 70-180 cm ama zaidi, mara nyingi huwa na upana wa 10 mm katika sehemu zaka za chini; kwenye vifundo huwa na singa nyingi. **Majani:** ni bapa, urefu 30-75 cm, upana unafikia 3.5 cm, yana singa. **Maua:** ni wazi katika mashada yenye matawi, urefu 15-45 cm, upana 15-45 cm; matawi ya vishada ni marefu, magumu kiasi, huelekea anga, vishada vya mwanzo huelekea kuning'inia; viua ni pekee, mviringo wa kubonyea, urefu 3-3.5 mm. **Mtawanyiko:** gugu hili hutawanyika kwa njia ya mbegu na vitawi vya shina vinavyotambaa ardhini.

Maenezi: limeenea zaidi katika Afrika ya Mashariki (K1-7; T1-8,P,Z; U1-4) kutoka pwani hadi katika sehemu zilizo na urefu wa 2 400 m; pia linapatikana Ethiopia, Malawi, Rwanda, Sudan na Zambia.

Gugu hili linafanana na: *P. trichocladum* K. Schum. (nalo pia huishi kwa miaka mingi).

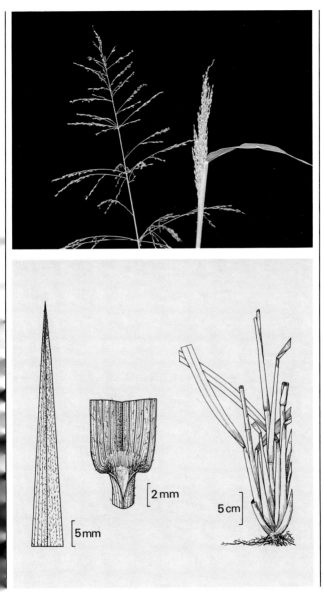

Pennisetum clandestinum Chiov.

Gramineae

Common names/Majina ya kawaida: chikoko (Chagga), esereti (Ekegusii), kigombe (Kikuyu), Kikuyu grass (E), lindadongo (Shambaa), olobobo (Masai)

Creeping perennial grass, a troublesome weed of highland crops including coffee, pyrethrum, tea and many arable crops, especially on fertile soils with high rainfall. It is also a useful species in pastures and lawns. **Roots:** fibrous, tough. **Stem:** creeping, stoloniferous culm with short internodes, forming dense mats; slender rhizomes present below the soil surface; nodes produce roots and short, vertical branches. **Leaves:** leaf blade up to 30 cm long (but often much shorter) and 3-4 mm wide, folded near the tip but becoming flatter at the base, with or without hairs but rough at margins; ligules replaced by hairs. **Inflorescence:** reduced to a cluster of 2-4 spikelets almost entirely enclosed in the uppermost leaf sheaths of the short side shoots, with only the stamens showing. **Grain:** produced in small numbers. **Propagation:** by creeping and fragmented stolons and rhizomes.

Distribution: widespread from 1 400-3 300 m in East Africa (K1-7; T2,3,7; U2,3); also present in Burundi, Ethiopia and Rwanda.

Closely related weed: *P. schimperi* A. Rich. (tufted perennial; false spike, cylindrical, 4.5-9 cm long, bristly; becoming predominant on overgrazed, highland pastures of declining fertility).

* * * * * * * * * *

Pennisetum clandestinum (contd)

Gugu aina ya nyasi, huishi kwa muda wa miaka mingi, linatatiza sana ukulima wa pareto, chai, kahawa na mimea mingi inayokuzwa mashambani, hasa kwenye sehemu zipatazo mvua nyingi na zilizo na udongo wenye rutuba ya kutosha. Gugu hili hufaa kwa malisho ya wanyama na bustani. **Mizizi:** ya nyuzinyuzi, ni migumu. **Shina:** hukua likitambaa chini, hufungamana kama mkeka; katika vifundo huota mizizi na matawi mafupi ambayo hukua kiwimawima. **Majani:** urefu 30 cm (lakina kawaida huwa mafupi zaidi), upana 3-4 mm, yamekunjika kufikia mwisho lakini hapo mwanzo ni bapa, aidha yanayo au hayana nyuzi nyuzi lakini nchani yanakwaruza. **Maua:** shada dogo lenye visuke 2-4 ambavyo hufunikwa na majani, ni sehemu zenye mbelewele tu zionekanazo. **Mbegu:** mmeo hutoa mbegu chache sana. **Mtawanyiko:** hutawanyika kwa kutumia mashina yatambaayo juu au ndani ya ardhi.

Maenezi: limeenea katika Afrika ya Mashariki (K1-7; T2,3,7; U2,3), kwenye sehemu zilizo na urefu wa 1 400-3 300 m; pia linapatikana Burundi, Ethiopia na Rwanda.

Gugu hili linafanana na: *P. schimperi* A. Rich. (gugu lenye umbo la kishungi; maua yake si halisi, ni mviringo, urefu 4.5-9 cm, yana vinyoya; huwa mengi kwenye maliyo yaliyotumiwa kulisha kupita kipimo, maliyo ya nyanda za juu yanayopungua rutuba).

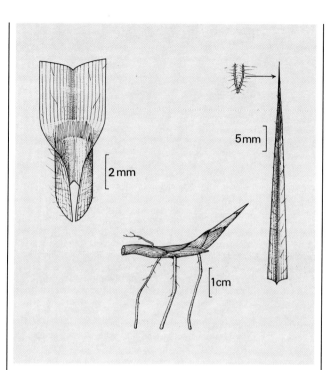

2 mm

5 mm

1 cm

Rottboellia cochinchinensis (Lour.) W.D. Clayton

Gramineae

Synonym/Kwa jina jingine: *Rottboellia exaltata* L.f.

Common names/Majina ya kawaida: ewokiwok (Ateso), guinea-fowl grass (E), itch grass (E), mbaya (Shambaa, Kiswahili), mwamba nyama (Digo, Giriama, Kibarani), nyamrungru (Luo)

Annual grass, robust, widely distributed in arable land, fallows, roadsides and on headlands; often a serious weed of maize and sugar cane. **Root:** prop roots from several basal nodes support the culm; roots below ground are fibrous. **Stem:** erect, up to 3.5 m high. **Leaves:** linear, up to 60 cm long and 2.5 cm wide, often drooping from the culms, hairy; upper surface and margin scabrid; midrib white; sheath covered with brittle, irritating hairs, especially on lower leaves; ligule an inconspicuous membrane. **Inflorescence:** spike solitary, terminal, 5-15 cm long and up to 4 mm in diameter, in axil of upper leaf; breaks at maturity into cylindrical pieces 4-6 mm long containing one stalked and one sessile spikelet. **Grain:** obliquely ovate, flat on one side, convex on the other, 4×2 mm. **Propagation:** by grain.

Distribution: widespread from 0-1 800 m in East Africa (K1-5,7; T1-8,Z; U1-4); also present in Ethiopia, Malawi and Zambia.

* * * * * * * * * *

Gugu aina ya nyasi, huishi kwa muda usiozidi mwaka mmoja, ni nene; huenea zaidi katika ardhi inayolimwa, ardhi zinazopumzishwa na kando ya barabara; mara nyingi hutatiza ukulima wa mahindi na miwa. **Mzizi:** mizizi mingi huota kwenye vifundo vya chini ya shina; mizizi hii hujizika udongoni na kulipatia shina nguvu ya kusimama; mizizi inayoota kwenye udongo ni ya nyuzinyuzi. **Shina:** hukua kiwimawima na urefu wake hufikia 3.5 m. **Majani:** urefu wake hufikia 60 cm na upana wa 2.5 cm; yana uchukuti mweupe, singa na miiba inayowasha, hasa kwenye majani yanayoota katika sehemu za chini za shina. **Maua:** suke lisilo na matawi, huota kwenye kilele cha shina, urefu wake ni 5-15 cm na upana wake hufikia 4 mm, huota katika kwapa la jani la juu kabisa kwenye shina; linapokomaa hukatika vipandevipande vyenye urefu wa 4-6 mm. **Mbegu:** zina urefu wa 4 mm na upana wa 2 mm. **Mtawanyiko:** gugu hili hutawanyika kwa njia ya mbegu.

Maenezi: limeenea zaidi katika Afrika ya Mashariki (K1-5,7; T1-8,Z; U1-4) kutoka pwani hadi katika sehemu zilizo na urefu wa 1 800 m; pia linapatikana Ethiopia, Malawi na Zambia.

110

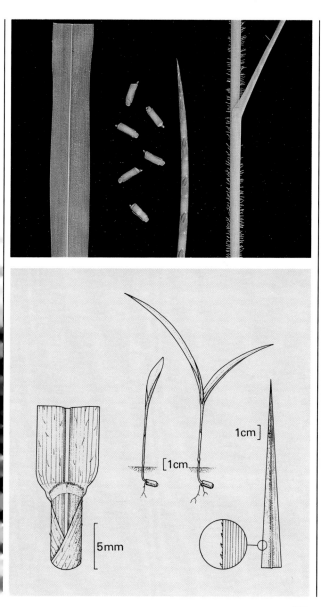

Setaria pumila (Poir.) Roem & Schult.

Gramineae

Synonym/Kwa jina jingine: *Setaria pallide-fusca* (Schumach.) Stapf & Hubbard

Common names/Majina ya kawaida: aloom, aluum (Luo)

Annual grass, highly variable, loose to densely tufted, very common as a weed of arable land. **Roots:** fibrous. **Stem:** culms 5-130 cm high, ascending, hairless at nodes. **Leaves:** linear, flat, tapering from the base to a fine tip, up to 30 cm long and 10 mm wide, with or without hairs, with scabrid margins; ligule an inconspicuous membrane with fine white hairs; sheath glabrous and compressed. **Inflorescence:** panicle spikelike, cylindrical, terminal, 2-10(-20) cm long and 1-2 cm wide; spikelets crowded, 2-2.5 mm long, subtended by golden to reddish-purple bristles. **Grain:** 2-2.5 mm long. **Propagation:** by grain.

Distribution: widespread from 0-3 100 m in East Africa (K1-7; T1-8; U1-4); also present in Ethiopia, Malawi, Somalia, the Sudan and Zambia.

Closely related weeds: *S. acromelaena* (Hochst.) Th. Dur. & Schinz (annual, loosely tufted, hairy at nodes), *S. homonyma* (Steud.) Chiov. (leaves pleated and broad; shade tolerant), *S. palmifolia* Stapf and *S. incrassata* (Hochst.) Hack. (tufted perennials). See also *S. verticillata*.

* * * * * * * * * *

Gugu aina ya nyasi, huishi kwa muda usiozidi mwaka mmoja; lina umbo la kishungi; ni gugu la kawaida katika ardhi inayolimwa. **Mizizi:** ya nyuzinyuzi. **Shina:** linakuwa kiwimawima, 5-130 cm. **Majani:** yamechongoka, urefu wake hufikia 30 cm na upana wake ni 10 mm. **Maua:** shada mfano suke, lina umbo la mviringo, urefu 2-10(-20) cm na upana wa 1-2 cm; huota katika kilele cha shina; vishada vinasongana, urefu 2-2.5 mm, vina vinyoya rangi ya dhahabu hadi samawati-nyekundu. **Mbegu:** urefu 2-2.5 mm. **Mtawanyiko:** kwa njia ya mbegu.

Maenezi: limeenea zaidi katika Afrika ya Mashariki (K1-7; T1-8; U1-4) kutoka pwani hadi katika sehemu zenye urefu wa 3 100 m; pia linapatikana Ethiopia, Malawi, Somalia, Sudan na Zambia.

Gugu hili linafanana na: *S. acromelaena* (Hochst.) Th. Dur. & schinz (ambao huishi kwa muda wa mwaka mmoja), *S. homonyma* (Steud.) Chiov. (gugu linalostahimili kivuli), *S. palmifolia* Stapf na *S. incrassata* (Hochst.) Hack. (magugu yenye umbo la kishungi; huishi kwa muda wa miaka mingi). Angalia *S. verticillata*.

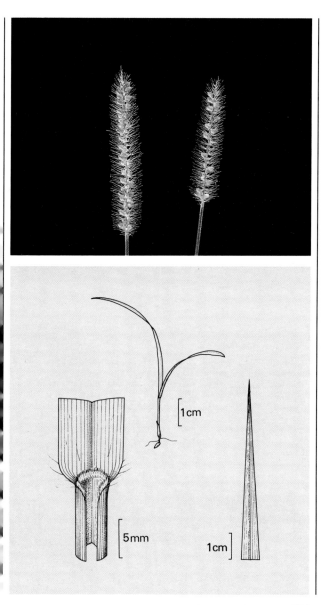

Setaria verticillata (L.) P. Beauv.

Gramineae

Common names/Majina ya kawaida: anaga (Luo), bristly foxtail (E), ekibebia (Ankole), etanuka (Ateso), kiamata (Kamba), love grass (E), malamata (Kiswahili), maramata (Kikuyu), rirariria (Ekegusii)

Annual grass, tufted, highly variable; one of the commonest weeds of coffee plantations and many annual crops. **Roots:** fibrous. **Stem:** often prostrate and spreading at base, becoming erect, 10-60 cm high (sometimes higher), sometimes collapsing to form a thick canopy over annual crops. **Leaves:** linear, flat, tapering to a fine tip, up to 15 cm long and 12 mm wide, hairy, rough. **Inflorescence:** panicle spikelike, up to 13 cm long and 1-2 cm wide, tapering to a point, readily attaching to anything it touches by means of many barbed bristles. **Grain:** about 1.5 mm long. **Propagation:** by grain.

Distribution: widespread at 0-2 200 m in East Africa (K1-7; T1-7; U1-4); also present in Ethiopia, Malawi, the Sudan and Zambia.

Closely related weeds: see *S. pumila*.

* * * * * * * * * *

Gugu aina ya nyasi, linaloishi kwa muda usiozidi mwaka mmoja; humea kati ya mibuni na mimea mingi inayoishi kwa muda usiozidi mwaka mmoja. **Mizizi:** ya nyuzinyuzi. **Shina:** mara nyingi hukua likitambaa chini, sehemu yake ya chini huwa inalala chini, lina urefu wa 10-60 cm ama zaidi. **Majani:** yana ncha kali, urefu wake hufikia 15 cm na upana wa 12 mm. **Maua:** Mashada mfano wa masuke, hufikia urefu wa 13 cm na upana wa 1-2 cm; shada la maua hugandama kwa urahisi katika kitu chochote kinacholigusa, kwa kutumia miiba yake. **Mbegu:** urefu karibu 1.5 mm. **Mtawanyiko:** gugu hili hutawanyika kwa njia ya mbegu.

Maenezi: limeenea zaidi katika Afrika ya Mashariki (K1-7; T1-7; U1-4) kwenye sehemu zilizo na urefu wa 0-2 200 m; pia linapatikana Ethiopia, Malawi, Sudan na Zambia.

Gugu hili linafanana na: ona *S. pumila*.

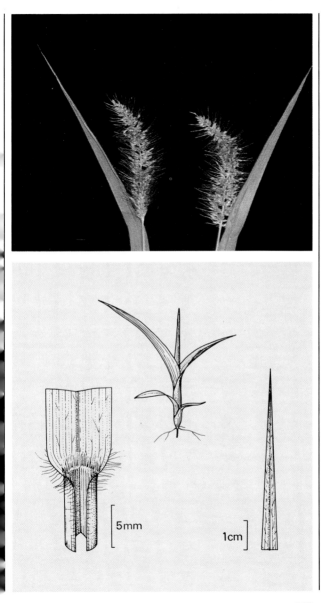

5mm

1cm

Malva verticillata L.

Malvaceae

Common name/Jina la kawaida: mallow (E)

Annual herb, occurring as a common weed of arable land, especially in highland cereals on fertile soils. **Root:** a tap-root. **Stem:** erect, much branched, up to 1 m high. **Leaves:** alternate, up to 8 cm across, palmately veined; almost circular, with 5-7 shallow lobes and toothed margins; stalks long. **Inflorescence:** flowers on short stalks clustered in leaf axils, about 12 mm in diameter; petals 5, pale pink, notched at tip; calyx of 5 sepals joined at base, shorter than petals. **Fruit:** splits into one-seeded nutlets. **Propagation:** by seed.

Distribution: widespread in upland areas around 1 800 m of East Africa (K3-6; T2,3,7; U2); also present in Rwanda.

Closely related weed: *M. parviflora* L. (similar to *M. verticillata* but branches often lying on the ground; calyx of about the same length as the petals).

* * * * * * * * * *

Gugu linaloishi kwa muda usiozidi mwaka mmoja, kwa kawaida hupatikana katika ardhi zinazolimika, hasa kati ya mimea ya nafaka inayokuzwa katika sehemu za milima zenye mchanga wenye rutuba. **Mzizi:** lina mzizi mkuu. **Shina:** hukua kiwimawima, lina matawi mengi, kwa urefu hufikia 1 m. **Majani:** huota yakifuatana moja baada ya moja, yana upana unaofikia 8 cm, yana ndewe zipatazo tano hadi saba na menomeno katika kingo zake. **Maua:** huota katika vitawi vifupi vinavyoota katika makwapa ya majani, yana upana upatao 12 mm; kila ua lina majani matano ya ua yenye rangi nyekundu, vijani vitano vya shikio la ua vilivyo vifupi kuliko majani ya ua. **Tunda:** hupasuka katika vikokwa vidogo. **Mtawanyiko:** gugu hili hutawanyika kwa njia ya mbegu.

Maenezi: limeenea zaidi katika sehemu zisizo bondeni katika nyanda za mita 1 800 za Afrika ya Mashariki (K3-6; T2,3,7; U2); pia linapatikana Rwanda.

Gugu hili linafanana na: *M. parviflora* L. (matawi yake hulala mchangani).

Sida acuta Burm. f.

Malvaceae

Common names/Majina ya kawaida: ekerundu (Ekegusii), ongodi (Luo), owich (Luo)

Perennial herb or shrub, locally important as a weed of arable land and pastures in wet and relatively dry areas. **Root:** a tap-root. **Stem:** erect, up to 90 cm high, much branched, fibrous, becoming almost woody. **Leaves:** alternate, lanceolate, 2-7 cm long and up to 2.6 cm wide, pointed at tip; lower surface smooth or with star-shaped hairs; margin toothed; stalk 3-6 mm long, hairy, with 2 stipules at the base. **Inflorescence:** flowers 1-2 cm in diameter, solitary or in groups of 2 or 3, flower stalks (pedicels) from leaf axils, 3-8 mm long, jointed in the middle; petals 5, fused, pale yellow to yellow; sepals pale green, pointed. **Fruit:** a capsule, splitting at maturity into 5-6 carpels with 2 projections at the tip. **Propagation:** by seed.

Distribution: throughout East Africa from 0-2 000 m; also present in Malawi.

Closely related weeds: *S. alba* L., *S. cordifolia* L., *S. cuneifolia* Roxb., *S. ovata* Forsk. and *S. rhombifolia* L. can be distinguished by combinations of characteristics, including height, leaf size, lengths of leaves, petioles and flower stalks, numbers of carpels and numbers of projections on the carpels. These are summarized in Ivens' *East African weeds and their control.*

* * * * * * * * * * *

Sida acuta (contd)

Gugu linaloishi kwa muda wa miaka mingi, linapatikana katika ardhi zinazolimika na katika malisho ya wanyama. **Mzizi:** lina mzizi mkuu. **Shina:** hukua kiwimawima kufikia urefu wa 90 cm, lina matawi mengi, lina umbo la nyuzinyuzi. **Majani:** huota yakifuatana moja baada ya moja, urefu 2-7 cm na upana hufikia 2.6 cm, yana ncha zilizochongoka; pande za chini ni laini au huwa na vinywele vya umbola nyota; kingo zake zina menomeno; kishikio kina urefu 3-6 mm, kina singa, na vijani viwili mwanzoni. **Maua:** yana upana wa 1-2 cm, yanaweza kuota kila ua peke yake au katika makundi ya maua mawili au matatu; maua huota kutoka kwenye vitawi vinavyota katika makwapa ya majani, urefu 3-8 mm; kila ua lina vijani vitano vya rangi ya njano vilivyoungana; vijani vya shikio la ua vina rangi ya kijani na vimechongoka. **Tunda:** gamba lenye mbegu; linapokomaa hupasuka katika sehemu tano au sita. **Mtawanyiko:** gugu hili hutawanyika kwa njia ya mbegu.

Maenezi: limeenea zaidi Afrika ya Mashariki kutoka pwani mpaka 2 000 m; pia hupatikana Malawi.

Gugu hili linafanana na: *S. alba* L., *S. cordifolia* L., *S. cuneifolia* Roxb., *S. ovata* Forsk. na *S. rhombifolia* L. vinaweza kutambuliwa kwa ujumla wa vifafanuzi, ikiwa ni pamoja na urefu, ukubwa wa jani, urefu wa majani, vishikio vya majani na visuke vya maua, idadi ya sehemu za ua na umbile la sehemu hizo. Vifafanuzi hivi vimeonyeshwa kwa muhtasari katika kitabu cha Ivens, *East African weeds and their control*.

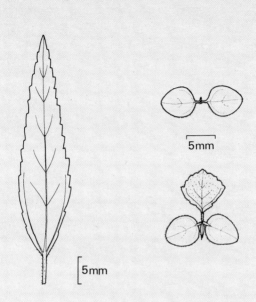

5mm

5mm

5mm

Oxalis latifolia H.B.K.

Oxalidaceae

Common names/Majina ya kawaida: akanyuunya-mbuzi (Runyankore), enyonyo (Ekegusi), kajampuni (Runyankore), kanyobwa (Luganda), ndabibi (Kikuyu), obwekijunga (Lutoro), oxalis (E)

Perennial herb, up to 25 cm high, occurring as a very common and troublesome weed of most crops, especially in the highlands. It is shade tolerant but also grows well in open, sunny positions. **Roots:** one or two thickened tap-roots and also fibrous roots from the base of the bulb. **Stem:** none. **Leaves:** trifoliate with more or less triangular-shaped leaflets up to 5 cm wide and 8 cm long, often with purplish markings. Leaf and flower stalks arise directly from the bulb. **Inflorescence:** consists of 5-20 light purple flowers, each with short stalks up to 2 cm long arising from two small bracts at the tip of the main inflorescence stalk. Flowers with 5 sepals tipped with two orange-coloured glands, 5 overlapping petals about 1 cm long, 10 stamens and 5 styles. **Fruit:** an elongated, broadly cylindric capsule, slightly longer than the sepals, which does not mature. **Bulbs:** ovoid, 7-15 mm in diameter, covered with papery scales. New bulbs are formed at the ends of slender stolons which arise from the base of the parent bulb. The bulbs are very resistant to desiccation. **Propagation:** by bulbs.

Distribution: widespread in East Africa (K3-5; T1-3,6; U2-4) from 0-2 520 m; also present in Ethiopia, Malawi, the Sudan and Zambia.

Closely related weeds: *O. corniculata* L. (creeping stem, no bulbs, yellow flowers), *O. corymbosa* DC. (similar to *O. latifolia* but leaflets more rounded, often with orange spots; branching inflorescence). Occasional weeds - *O. barrelieri* L., *O. radicosa* A. Rich., *O. anthelmintica* A. Rich., *O. trichophylla* Bak. and *O. abercornensis* Knuth.

* * * * * * * * * *

123

Gugu linaloishi kwa muda wa miaka mingi, urefu wake hufikia 25 cm; ni gugu linalotatiza ukulima wa mimea mingi, hasa kwenye sehemu za milima. Linastahimili kivuli lakini hukua vizuri katika sehemu zisizo na vivuli. **Mizizi:** lina mzizi mkuu (au miwili) uliovimba na mizizi ya nyuzinyuzi. **Shina:** gugu hili halina shina. **Majani:** kila jani limegawanyinka katika sehemu tatu (vijani vitatu); vijani vina urefu wa 8 cm na upana unaofikia 5 cm; yana alama zenye rangi ya zambarau mbivu. **Maua:** shada la maua lenye maua matano hadi ishirini yenye rangi ya zambarau mbivu; kila ua lina majani matano ya ua yenye urefu upatao 1 cm, vijani vitano vya shikio la ua na sehemu kumi zenye mbelewele. **Tunda:** gamba lenye mbegu, ni refu na halikomai. **Vitunguu:** mviringo uliochongoka, upana 7-15 mm, vina magamba ya kikaratasi. Vitunguu vidogo vipya humea mwishoni mwa mashina laini yatambaayo juu ya ardhi yakianzia kwenye shina mama. **Mtawanyiko:** gugu hili hutawanyika kwa kutumia sehemu zake zilizovimba mfano wa kitunguu.

Maenezi: limeenea sana katika Afrika ya Mashariki (K3-5; T1-3,6; U2-4), kutoka pwani hadi katika sehemu zilizo na urefu wa 2 520 m; pia linapatikana Ethiopia, Malawi, Sudan na Zambia.

Gugu hili linafanana na: *O. corniculata* L. (shina lake hutambaa chini, maua yake yana rangi ya manjano), *O. corymbosa* DC. (linafanana *O. latifolia* lakini lina matawi na mviringo yenye alama ya dhahabu). Magugu ya muda *O. barrelieri* L., *O. radicosa* A. Rich., *O. anthelmintica* A. Rich., *O. trichophylla* Bak. na *O. abercornensis* Knuth.

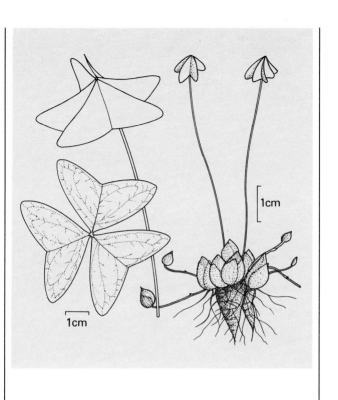

125

Argemone mexicana L.

Common names/Majina ya kawaida: ekijembajembe (Ankole), Mexican poppy (E), mkumajalaga (Yao)

Annual herb, widely distributed on wasteland, roadsides and arable land, especially in northern Tanzania where it is a serious problem in beans and other annual crops. **Root:** a tap-root. **Stem:** erect, to 1.5 m high, branched, usually prickly, pale bluish-green, exudes an unpleasant-smelling yellow sap when cut. **Leaves:** alternate, without stalks, more or less sheathing the stem, up to 15 cm long, deeply lobed and with irregularly toothed, spiny margins; greyish-white veins conspicuous on the bluish-green upper surface of the leaves. **Inflorescence:** flowers solitary, 2.5-4.5 cm in diameter, subtended by 1-2 leafy bracts; sepals 3, prickly; petals 6, yellow; stamens numerous. **Fruit:** a capsule, spiny, up to 4.5 cm long and 2 cm wide, with 4-6 valves opening at the tip to release numerous seeds. **Seeds:** brownish-black, nearly spherical, 2 mm in diameter. **Propagation:** by seed.

Distribution: widespread in East Africa (K4,7; T1-4,6,8,Z; U2,4) from the coast to 1 800 m; also present in Ethiopia, Malawi and Zambia.

* * * * * * * * * *

Ni gugu linaloishi kwa muda wa mwaka mmoja. Limeenea zaidi kwenye ardhi zisizotumiwa, kando ya barabara na kwenye ardhi inayolimika hasa kaskazini mwa Tanzania ambako gugu hili limetatiza sana ukulima wa maharagwe. **Mzizi:** lina mzizi mkuu. **Shina:** linakua kuelekea juu kufikia urefu wa 1.5 m, lina matawi, kawaida huwa lina miiba, rangi yake ni kati ya samawati na kijani, linapokatwa hudondoka utmvu wenye harafu mbaya. **Majani:** yanafuatana moja baada ya moja, kwa urefu hufikia 15 cm, pande za juu za majani zina rangi kati ya samawati na kijani, kingo za majani zina miiba; majani sita ya ua, yenye rangi ya manjano; sehemu nyingi zenye mbelewele. **Maua:** maua huwa peke peke, kipenyo 2.5-4.5 cm, yanakingwa na vijani 1-2; sepali 3 za kimiiba; petali 6, njano; stameni nyingi. **Tunda:** gamba lenye mbegu, lina miiba, kwa urefu hufikia 4.5 cm na lina upana 2 cm, lina sehemu nne hadi sita ambalo hutoa mbegu nyingi linapofunguka. **Mbegu:** hudhurungi nyeusi, mviringo, ukubwa 2 mm. **Mtawanyiko:** gugu linatawanyika kwa njia ya mbegu.

Maenezi: limeenea zaidi katika Afrika ya Mashariki (K4,7; T1-4,6,8,Z; U2,4) kutoka pwani hadi sehemu zenye urefu wa 1 800 m; pia linapatikana Ethiopia, Malawi na Zambia.

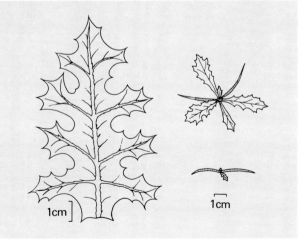

1cm

1cm

Emex australis Steinh.

Polygonaceae

Common name/Jina la kawaida: devil's thorn (E)

Annual herb, locally common in arable land, uncropped sites and waste areas. The spiny fruits can injure cattle. **Root:** a tap-root. **Stem:** erect or sprawling, up to 90 cm high, much branched, furrowed, hairless. **Leaves:** alternate, ovate, up to 7.5 cm long and 5 cm broad, with blunt, rounded tips and rounded basal lobes when mature; stalk slender, up to 8 cm long or more. **Inflorescence:** flowers in terminal and axillary clusters; male flowers very small, with 5-6 perianth segments; female flowers with a 6-lobed triangular tube. **Fruit:** grows to 6 mm long and 12 mm across within the tube of the female flower where the 3 outer lobes (tepals) form rigid spines 4-5 mm long and the 3 inner lobes form fine bristles. **Seeds:** 3-angled, about 4 mm long, brown, retained within hard fruit. **Propagation:** by seed.

Distribution: limited at present to the Rift Valley and central provinces of Kenya (K3,4) from 1 800-1 900 m, but poses a threat to other areas; also present in Zambia.

Closely related weed: *E. spinosus* (L.) Campd. (fruit 3-5 mm broad).

* * * * * * * * * *

Gugu linaloishi kwa muda usiozidi mwaka mmoja; linapatikana katika ardhi zinazolimwa na pia zisizotumika. **Mzizi:** lina mzizi mkuu. **Shina:** huota kiwimawima au likitambaa chini, lina urefu ufikiao 90 cm, lina matawi mengi. **Majani:** huota yakifuatana moja baada ya moja, yana urefu unaofikia 7.5 cm na upana wa 5 cm na ncha zilizobutu; vishikio laini, hufikia urefu 8 cm au zaidi. **Maua:** yanaota kwenye ncha za matawi na pia kwenye makwapa ya majani; yana visehemu 5-6; maua ya kike yana kibomba pembe 3 na huishia vishikio 6. **Tunda:** lina miiba inayoweza kudhuru mifugo, huwa 6 mm urefu na kipenyo 12 mm. **Mbegu:** pembe-3, urefu karibu 4 mm, huwa ndani ya tunda gumu. **Mtawanyiko:** gugu hili hutawanyika kwa njia ya mbegu.

Maenezi: limeenea zaidi katika Rift Valley na Mkoa wa Kati wa Kenya (K3,4) usawa wa mita 1 800-1 900 lakini halidhuru mimea mingineyo; pia linapatikana Zambia.

Gugu hili linafanana na: *E. spinosus* (L.) Campd. (tunda lina kipenyo cha 3-5 mm).

Fallopia convolvulus (L.) Á. Löve

Polygonaceae

Synonyms/Majina mengine: *Bilderdykia convolvulus* (L.) Dumort., *Polygonum convolvulus* L.

Common names/Majina ya kawaida: black bindweed (E), chemul keldaiwet (Kipsigis), ogoto kw'embeba (Ekegusii)

Annual, climbing herb, occurring in the highlands as a locally serious weed of cereals, especially wheat and barley which can become lodged and smothered. **Root:** a tap-root. **Stem:** slender, branching, trailing on the ground or twining around plants, 20-250 cm long, angular, almost hairless, green or greenish brown. **Leaves:** alternate, 4-6 cm long and 2.5-4 cm wide, arrow-shaped, pointed at tip and indented at base; leaf stalk slender, up to 4 cm long, with a stipule sheath where it joins the stem. **Inflorescence:** slender, interrupted, spikelike racemes which are often leafy almost to the apex; also as clusters of flowers in leaf axils; flowers have short stalks about 2 mm long, and are divided into 5 greenish-white segments (tepals), the outer 3 being slightly winged. **Fruit:** a nut, black, 3-angled, 3-4 × 2.25-2.5 mm. **Propagation:** by seed.

Distribution: highlands (1 600-2 200 m) of Kenya (K3,4).

Closely related weeds: see *P. aviculare*.

* * * * * * * * * *

Gugu linaloishi kwa muda usiozidi mwaka mmoja, huparaga mimea mingine, linatatiza sana ukuzaji wa mimea ya nafaka, hasa ngano na shayiri ambayo inaweza hata kuuawa na gugu hili. **Mzizi:** lina mzizi mkuu. **Shina:** ni jembamba, lina matawi, hutambaa chini au kujisokota kwenye mimea mingine, urefu wake ni 20-250 cm, lina rangi ya kijani au rangi iliyokati ya kijani na nyekundu. **Majani:** huota yakifuatana moja baada ya moja, yana urefu wa 4-6 cm na upana wa 2.5-4 cm, yana ncha zilizochongoka; vishikio ni laini, hufikia urefu 4 cm. **Maua:** ni membamba, yana ambao mfano wa suke ambalo lina vijani; pia mashada ya maua, huonekana kwenye makwapa ya majani; maua huota katika vitawi vyenye urefu wa 2 mm; kila ua lina vijani vitano vya shikio la ua. **Tunda:** kokwa jeusi lina pembe tatu, lina urefu wa 3-4 mm na upana wa 2.25-2.5 mm. **Mtawanyiko:** gugu hili hutawanyika kwa njia ya mbegu.

Maenezi: limeenea katika sehemu za milima (1 600-2 200 m) za Kenya (K3,4).

Gugu hili linafanana na: ona *P. aviculare*.

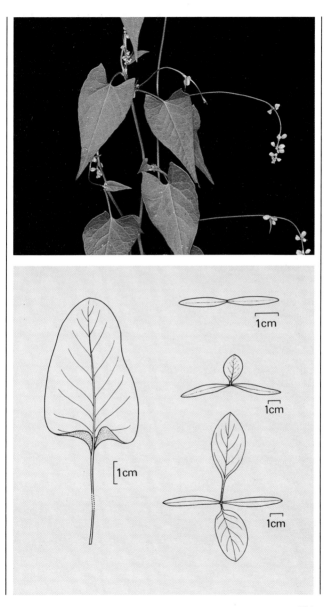

Oxygonum sinuatum (Meisn.) Dammer

Polygonaceae

Common names/Majina ya kawaida: akitikemiria (Ateso), awayo (Luo), double thorn (E), kafumita bagenda (Luganda), karinga (Runyankore), kuru (Acholi), mbigiri (Kiswahili), nyatiend-gweno (Luo), obucumita-mbogo (Runyankore, Rukiga), obwita-mbogo (Runyankore), okuro (Luo)

A sprawling annual herb, up to 60 cm high, occurring as a weed of annual and perennial crops. Notable for its spiny fruits which can injure the feet of man and animals. **Root:** a tap-root. **Stem:** much branched, prostrate near base, becoming erect, hairless to pubescent, greenish to reddish brown. **Leaves:** variably ovate, usually divided into deep, irregular lobes; stalk 1-2 cm long, widening at base to wrap around the stem. **Inflorescence:** up to 30 cm long, arising from axils of upper leaves. Small pink or white flowers, 1-2 mm across, emerge in groups of 2-4 from tubular bracts fringed by stiff hairs. Flowers tubular with 4-5 petallike lobes. **Fruit:** angular, 5-6.5 mm long, pointed at each end with 3 spreading prickles near the centre, usually covered with fine hairs. **Propagation:** by seed.

Distribution: widespread in eastern Africa south of the Sudan; from 0-2 100 m in East Africa (K2-4,6,7; T1-8; U1-4).

Closely related weed: *O. stuhlmannii* Dammer (leaves elliptic and entire or with shallow lobes).

* * * * * * * * * * *

Oxygonum sinuatum (contd)

Gugu linalotambaa chini, huishi kwa muda usiozidi mwaka mmoja, urefu wake hufikia 60 cm, humea kati ya mimea inayoishi kwa muda usiozidi mwaka mmoja na pia kwenye mimea anayoishi kwa muda wa miaka mingi. Linajulikana sana sababu ya matunda yake yenye miiba inayoweza kuzidhuru nyayo za binadamu na wanyama. **Mzizi:** lina mzizi mkuu. **Shina:** lina matawi mengi; kwanza hukua likitambaa na halafu huinuka; rangi yake ni ya kijani au nyekundu. **Majani:** kawaida mviringo uliochongoka, vishikio urefu 1-2 cm, vipana mwanzoni; yana ndewe kubwa. **Maua:** urefu hadi 30 cm, huota kwenye makwapa ya majani yaliyokaribu na kilele cha shina au tawi; ni mekundu au meupe na ni madogo (yana upana wa 1-2 mm). **Tunda:** lina pembepembe, lina singa nyororo na urefu wake ni 5-6.5 mm. **Mtawanyiko:** gugu hili hutawanyika kwa njia ya mbegu.

Maenezi: limeenea zaidi katika nchi za mashariki ya Afrika ya Mashariki zilizoko kusini mwa Sudan. Katika Afrika ya Mashariki limeenea kutoka pwani hadi katika sehemu zilizo na urefu wa 2 100 m (K2-4,6,7; T1-8; U1-4).

Gugu hili linafanana na: *O. stuhlmannii* Dammer (majani mviringo uliochongoka ambao huwa na au hauna ndewe).

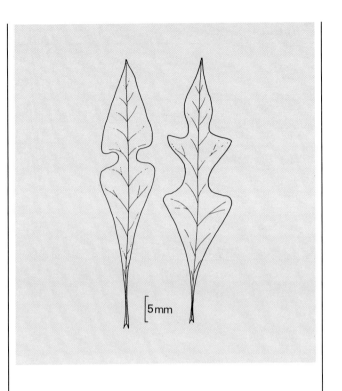

5mm

Polygonum aviculare L.

Polygonaceae

Common names/Majina ya kawaida: chonge (Kikuyu), knotgrass (E)

Prostrate annual herb, locally common as a weed of arable land in the highlands. **Root:** a tough tap-root. **Stem:** wiry, smooth, without hairs, much branched, creeping to erect, often forming dense cushions, with shoots rising to 60 cm high. **Leaves:** variable, elliptical to linear, up to 5 cm long and 1.7 cm wide; stalk short; leaf sheath silvery. **Inflorescence:** flowers pink, greenish white or white, about 2-4 mm long, on short stalks, crowded into leaf axils; perianth of 4-5 segments, joined at the base. **Fruit:** a nut, 3-angled, dark reddish brown, up to 3.5 mm long. **Propagation:** by seed.

Distribution: more or less confined to the highlands (2 130-2 580 m) of Kenya (K3) from where it is likely to spread; also present in Ethiopia.

Closely related weeds: *P. amphibium* L. (perennial, with weak stems on water or erect stems on land), *P. nepalense* Meisn. (straggling annual with ovate to triangular leaves), *P. persicaria* L. (annual with fleshy green or red stems).

* * * * * * * * * * *

Gugu linalolala chini, huishi kwa muda usiozidi mwaka mmoja, linapatikana katika sehemu za milima zinazolimika. **Mzizi:** lina mzizi mkuu mgumu. **Shina:** ni laini na halina singa, lina matawi mengi, hutambaa chini na mara nyingine husimama wima kufikia urefu wa 60 cm. **Majani:** yana urefu ufikiao 5 cm na upana wa 1.7 cm. **Maua:** yana rangi nyekundu au nyeupe, yana urefu upatao 2-4 mm, huota katika vitawi vifupi katika makwapa ya majani. **Tunda:** kokwa lenye pembe tatu, lina rangi nyekundu na urefu wake hufika 3.5 mm. **Mtawanyiko:** kwa mbegu.

Maenezi: zaidi, gugu hili linapatikana katika sehemu za milima (2 130-2 580 m) za Kenya (K3); pia linapatikana Ethiopia.

Gugu hili linafanana na: *P. amphibium* L. (huishi kwa miaka mingi), *P. nepalense* Meisn. (gugu la mwaka litambaalo, majani ni mviringo uliochongoka hadi pembe tatu), *P. persicaria* L. (huishi kwa muda usiozidi mwaka mmoja, shina lake huwa na rangi ya kijani au nyekundu).

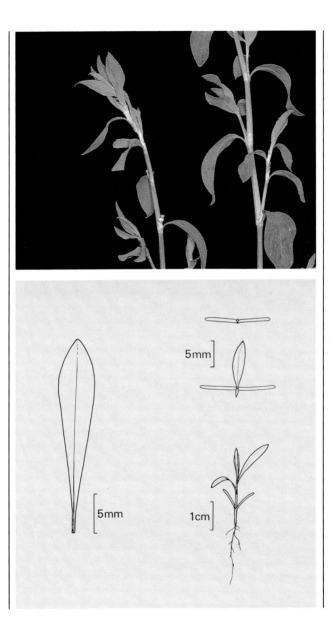

Portulaca oleracea L.

Portulacaceae

Common names/Majina ya kawaida: akalitete (Akaramajong), danga danga (Bondei, Pare, Shambaa), eleketete (Ateso), gatumia (Kikuyu), obwanda (Lutoro, Lunyoro), purslane (E), ssezzira (Luganda)

Annual, succulent herb common in annual and perennial crops, at roadsides and in waste places. **Root:** a tap-root. **Stem:** prostrate or semi-prostrate, much branched, up to 50 cm long, succulent, round, hairless, reddish; forms dense mats. **Leaves:** alternate to nearly opposite and also in clusters at the ends of branches, thick, ovate, rounded at tip, 2-3 cm long, smooth, sessile. **Inflorescence:** flowers solitary in leaf axils or in terminal clusters of 5 or fewer flowers, without stalks, yellow, 8-10 mm in diameter, with 5 petals. **Fruit:** a spherical capsule, 4-8 mm. **Seeds:** small (0.5 mm in diameter), oval, black at maturity, numerous. **Propagation:** by seed and from stem fragments.

Distribution: widespread from 0-2 000 m throughout East Africa (K1-7; T1-8; U1-4); also present in Ethiopia, Malawi, Rwanda, Somalia and Zambia.

Closely related weed: *P. quadrifida* L. (leaves in opposite pairs, ovate, up to 10 mm long but often less, pointed at tip; long hairs present where each pair of leaves joins the stem).

* * * * * * * * * *

Gugu hili lina maji mengi na linaishi kwa muda usiozidi mwaka mmoja. Ni gugu la kawaida linalomea kati ya mimea inayoishi kwa muda usiozidi mwaka mmoja, na pia kwenye mimea inayoishi kwa muda wa miaka mingi, kando ya barabara na ardhi zisizotumiwa. **Mzizi:** lina mzizi mkuu. **Shina:** linasimama wima, au mara nyingine huinama kidogo; lina matawi mengi, hufikia urefu wa 50 cm; ni jekundu. **Majani:** huota pamoja-pamoja katika ncha za matawi; ni manene, yana urefu wa 2-3 cm na ni laini. **Maua:** yanaota kila au peke yake kwenye makwapa ya majani, ua ncha za majani hua na mashada ya maua; yana rangi ya manjano, upana wa 8-10 mm, na majani matano ya ua. **Tunda:** tufe la kipenyo 4-8 mm. **Mbegu:** ndogo, nyingi mviringo, ukubwa 0.5 mm; zinapokomaa huwa nyeusi. **Mtawanyiko:** kwa mbegu na vipande vya shina.

Maenezi: limeenea kutoka pwani hadi sehemu zenye urefu wa 2 000 m kote Afrika ya Mashariki (K1-7; T1-8; U1-4); pia linapatikana Ethiopia, Malawi, Rwanda, Somalia na Zambia.

Gugu hili linafanana na: *P. quadrifida* L. (matavi yana ncha ya urefu wa 10 mm, lina singa mahali matavi hukutana kwa shina).

Galium spurium L. ssp. africanum Verdc.

Rubiaceae

Common names/Majina ya kawaida: cleavers (E), goosegrass (E)

Annual, scrambling herb, often a weed of arable highlands, particularly in wheat and barley where it can smother the crop, cause lodging and interfere with harvesting. **Root:** fibrous. **Stem:** weak, up to 1.8 m long, 4-angled with hooked bristles on the corners. **Leaves:** in whorls of 6-8, slender, up to 5 cm long, pointed at the tip, with prickles on the margin and midrib which make the plant feel sticky. **Inflorescence:** clusters of 1-9 small, greenish-white flowers on branched or unbranched stalks 0-3.7 cm long. Flower 1-2 mm wide, of 4 petals united at the base into a small tube. **Fruit:** dark, composed of two lobes 1-3 mm in diameter, covered with hooked hairs. **Propagation:** by seed.

Distribution: highlands (above 1 250 m) of East Africa (K2-6; T2,3,6,7; U2,3); also present in Burundi, Ethiopia, Malawi, Rwanda, Somalia and the Sudan.

Closely related weeds: cytological studies indicate that *G. spurium* ssp. *africanum* may be a form of *G. aparine* L., a common weed of Europe. *G. spurium* var. *spurium* has been noted as a weed in Kenya.

* * * * * * * * * *

Ni gugu linalotambaa na linaloishi kwa muda usiozidi mwaka mmoja; humea kwenye ardhi za milima zinazolimika, hasa kati ya mimea ya ngano na shayiri; linawezi kuisonga mimea na kuifanya ilale, na kutatiza shughuli za kuvuna. **Mzizi:** ni nyuzinyuzi. **Shina:** ni dhaifu, lina urefu ufikiao 1.8 m, lina pembe nne zenye miiba kama ndoana. **Majani:** mizingo yenye majani sita hadi manane, membamba na urefu unaofikia 5 cm, majani yana miiba kwenye kingo zake. **Maua:** mashada yenye maua madogo kufikia hata tisa, yenye rangi ya kijani, vishikizo urefu 0-3.7 cm. Upana wa ua ni 1-2 mm; kila ua lina majani manne ya ua, yanayoungana upande wa chini mfano wa mrija. **Tunda:** jeusi, lina ndewe mbili, lina miiba iliyopindika na upana wake ni 1-3 mm. **Mtawanyiko:** gugu hili hutawanyika kwa njia ya mbegu.

Maenezi: limeenea katika Afrika ya Mashariki (K2-6; T2,3,6,7; U2,3) kwenye sehemu za milima (zenye urefu zaidi ya 1 250 m); pia linapatikana Burundi, Ethiopia, Malawi, Rwanda, Somalia na Sudan.

Gugu hili linafanana na: *G. aparine* L. (gugu linalopatikana ulaya), *G. spurium* var. *spurium* (linapatikana Kenya).

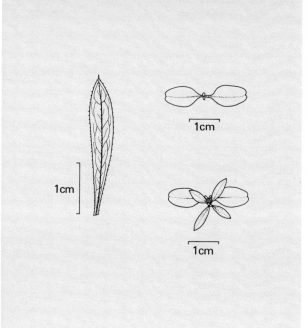

141

Striga asiatica (L.) Kuntze

Scrophulariaceae

Synonym/Kwa jina jingine: *Striga lutea* Lour.

Common names/Majina ya kawaida: akarebwa omwe (Runyankore), ekeyongo (Ekegusii), emoto (Ateso), red witchweed (E), striga (E)

Annual herb, highly variable, parasitic on maize, millet, sorghum and sugar cane but generally less serious than *S. hermonthica* in East Africa. **Root:** much reduced, attached to roots of host plant. **Stem:** 5-30 cm high, simple or branched, often with rough hairs. **Leaves:** linear, up to 4 cm long and 1-3 mm wide. **Inflorescence:** spikes terminal; flowers alternate, bright red (sometimes white or yellow), 5-10 cm in diameter; calyx 10-ribbed. **Fruit:** a capsule. **Seeds:** numerous, minute, dark. **Propagation:** by seeds which are stimulated to grow by exudates from host plants.

Distribution: upland and lowland coastal areas of East Africa (K2-7; T1-4; U1-4); also present in Ethiopia, Malawi and Zambia.

Closely related weeds: *S. forbesii* Benth. (calyx 10-ribbed, flowers salmon pink; parasitic on *Setaria sphacelata* pasture grass), *S. gesnerioides* (Willd.) Vatke (perennial with tuberous root, stem stout and succulent, leaves small and bractlike, flowers usually pink; parasite of *Brassica* crops and tobacco), *S. latericea* Vatke (calyx with 15 or more ribs, flowers salmon pink, parasitic on sugar cane in Ethiopia and Somalia). See also *S. hermonthica*.

* * * * * * * * * *

Gugu linaloishi kwa muda usiozidi mwaka mmoja, hudusia mimea ya mahindi, mtama, wimbi na miwa lakini halitatizi sana kushinda *S. hermonthica* katika Afrika ya Mashariki. **Mzizi:** ni midogo sana, hugandama kwenye mizizi ya mimea inayodusiwa na gugu hili. **Shina:** urefu wake ni 5-30 cm, huwa na matawi lakini mara nyingine halina, lina singa. **Majani:** urefu wake hufikia 4 cm na upana wake ni 1-3 mm. **Maua:** masuke huota kwenye kilele cha shina au matawi; maua huota kwenye suke yakifuatana moja baada ya moja, yana rangi nyekundu (lakini mara nyingine huwa na rangi nyeupe au ya manjano), yana upana wa 5-10 cm. **Tunda:** gamba. **Mbegu:** huwa nyingi, ndogo, nyeusi. **Mtawanyiko:** gugu hili hutawanyika kwa njia ya mbegu ambazo hupata nguvu ya kumea zinapopata majimaji kutoka kwenye mizizi ya mimea linayoidusia.

Maenezi: limeenea sana katika Afrika ya Mashariki (K2-7; T1-4; U1-4); pia linapatikana Ethiopia, Malawi na Zambia.

Gugu hili linafanana na: *S. forbesii* Benth. (gugu linalodusia nyasi za malisho, za aina ya *Setaria sphacelata*), *S. gesnerioides* (Willd.) Vatke (linaishi kwa muda wa miaka mingi, mizizi yake mfano wa viazi, hudusia mimea aina ya *Brassica* na tumbako), *S. latericea* Vatke (hudusia mimea ya miwa katika Ethiopia na Somalia). Ona pia *S. hermonthica*.

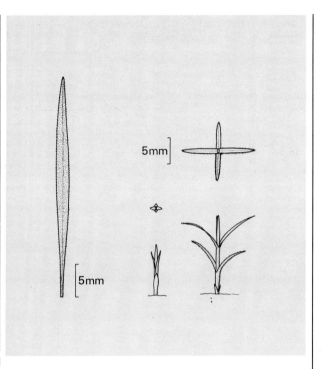

Striga hermonthica (Del.) Benth.

Scrophulariaceae

Synonym/Kwa jina jingine: *Striga senegalensis* Benth.

Common names/Majina ya kawaida: ekeyongo (Ekegusii), emolo, emoto (Ateso), hayongo (Luo), kayongo (Dhapadhula), kituha (Sukuma), purple witchweed (E), striga (E)

Annual herb, parasitic on maize, millet, sorghum, sugar cane and upland rice. **Root:** much reduced, attached to roots of host plant. **Stem:** erect, branched, up to 60 cm high, hairy, 4-angled. **Leaves:** linear or slightly elliptic, 3-9 cm, rough, without stalks. **Inflorescence:** spikes terminal, up to 15 cm long; flowers pink (occasionally white) to 1-2 × 3 cm; a narrow leaf bract about 1 cm long subtends each stalkless flower; calyx 5-ribbed. **Fruit:** a capsule. **Seeds:** numerous, minute, dark. **Propagation:** by seeds which are stimulated to grow by exudates from roots of host plants.

Distribution: widespread but of localized importance, mostly on sandy soils of low fertility, in East Africa (K3,5; T1,4; U1-3); also present in Ethiopia and the Sudan.

Closely related weed: see *S. asiatica.*

* * * * * * * * * *

Ni gugu linaloishi kwa muda usiozidi mwaka mmoja, linadusia mimea ya mtama, wimbi, mahindi, mpunga na miwa. **Mzizi:** ni midogo sana na inashikamana na mizizi ya mimea inayodusiwa na gugu hili. **Shina:** linakua kiwimawima, lina matawi; urefu wake hufikia 60 cm na lina nywelenywele. **Majani:** urefu wake ni 3-9 cm na yanakwaruza. **Maua:** masuke yafikiayo urefu wa 15 cm; maua ni 1-2 × 3 cm, ni mekundu na mara nyingine huwa meupe, vijani vikingavyo ua ni vyembamba, urefu 1 cm. **Tunda:** gamba. **Mbegu:** nyingi, ndogo, nyeusi. **Mtawanyiko:** kwa njia ya mbegu zinazofanywa kuota kutokana na utomvu majimaji wa mizizi ya mimea inamelewa na gugu hili.

Maenezi: limeenea katika Afrika ya Mashariki (K3,5; T1,4; U1-3), hasa kwenye sehemu zenye mchanga wa tifutifu na usio na rutuba ya kutosha; pia linapatikana Ethiopia na Sudan.

Gugu hili linafanana na: *S. asiatica.*

1cm

1cm

147

Datura stramonium L.

Solanaceae

Common names/Majina ya kawaida: amaduudu (Luganda), amaruuru (Runyankore), gathumba (Kikuyu), msiafu (Kishambaa), muana (Kiswahili), ngwata (Kamba), nyarweziringa (Runyankore), obala-ndagwa (Luo), omonyaitira (Ekegusii), ouling'weki (Kiarusha), rweziringa (Runyankore, Rukiga), silulu (Kitosh), thorn apple (E)

Annual herb, common throughout the region as a weed of arable crops and waste land. **Root:** a tap-root. **Stem:** erect, up to 150 cm high, forks repeatedly into two stems, smooth, without hairs. **Leaves:** alternate, ovate, up to 22 cm long and 15 cm wide, pointed at tip with irregularly lobed or toothed margins; stalks up to 10 cm long. **Inflorescence:** flowers white, up to 10 cm long, borne singly on short stalks in the forks of the stem and in leaf axils; corolla funnel shaped, with 5 pointed lobes; calyx 5-angled, tubular, 2.5-4 cm long, with 5 short teeth; stamens 5, attached to the corolla tube. **Fruit:** a capsule, up to 5 cm long and 3 cm wide, covered with spines. **Seeds:** round, sculptured, 2-2.5 mm in diameter, dark brown. **Propagation:** by seed.

Distribution: widespread from 0-2 400 in East Africa (K3-6; T2,3,5,7; U2,3); also present in Ethiopia, Malawi, Rwanda, the Sudan and Zambia.

Closely related weed: *D. mettel* L. (young leaves softly hairy; corolla more than 12 cm long, 10-lobed; fruit hangs down on a curved stalk).

* * * * * * * * * *

Gugu linaloishi kwa muda usiozidi mwaka mmoja; ni gugu la kawaida kati ya mimea inayokuzwa mashambani, na katika ardhi zisizotumiwa. **Mzizi:** lina mzizi mkuu. **Shina:** hukua kiwimawima kufikia urefu wa 150 cm, ni laini na halina singa, lina matawi. **Majani:** huota yakifuatana moja baada ya moja, yana urefu unaofikia 22 cm na upana wa 15 cm, yana ncha zilizochongoka, kingo za majani zina menomeno. **Maua:** ni meupe, urefu wake hufikia 10 cm; huota kila ua peke yake katika vitawi vifupi vinavyoota kwenye panda za shina na makwapa ya majani; pande za chini za majani ya ua zimeungana; kila ua lina sehemu tano zenye mbelewele; kaliksi ya sehemu 5 za bomba, urefu 2.5-4 cm; stameni 5 zinazoshikana na korola. **Tunda:** gamba lenye mbegu, lina urefu unaofikia 5 cm na upana wa 3 cm, lina miiba. **Mbegu:** mviringo, kahawia, kipenyo 2-2.5 mm. **Mtawanyiko:** kwa njia ya mbegu.

Maenezi: limeenea sana katika Afrika ya Mashariki (K3-6; T2,3,5,7; U2,3), kutoka pwani hadi katika sehemu zilizo na urefu wa 2 400 m; pia linapatikana Ethiopia, Malawi, Rwanda, Sudan na Zambia.

Gugu hili linafanana na: *D. mettel* L. (majani yake machanga huwa yana singa hafifu; korola urefu 12 cm, ndewe 10; matunda yake huning'inia kwenye vitawi vilivyopindika).

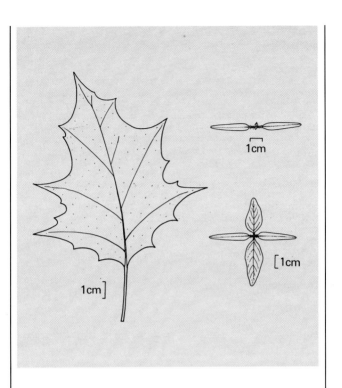

1cm]

1cm

1cm

[1cm

Nicandra physalodes Scop.

Solanaceae

Common names/Majina ya kawaida: apple of Peru (E), chemogong'it-cheptitet (Kipsigis), Chinese lantern (E)

Annual herb, locally common, forming dense, competitive stands in maize, other annual crops and grasslands in highland areas. **Root:** a tap-root. **Stem:** erect, up to 2 m high, heavily ribbed, smooth, without hairs. **Leaves:** alternate, up to 13 cm long and 8 cm wide, with irregularly and deeply toothed margins; stalk up to 5 cm long. **Inflorescence:** flowers pale blue with white centres, 5-8 cm in diameter, on stalks about 2.5 cm long, borne singly in axils of upper leaves; corolla funnel shaped with 5 rounded lobes; calyx winged, consisting of 5 segments, each with 2 pointed lobes at the base, persisting as a brown, papery covering to the fruit; stamens 5, attached to the corolla tube. **Fruit:** a berry, almost spherical, yellow, containing numerous seeds. **Seeds:** flattened, rounded, 1-1.5 mm in diameter, pitted, brown. **Propagation:** by seed.

Distribution: highlands from 1 500-2 400 m in East Africa (K3-5,7; T2-5; U3); also present in Ethiopia, Malawi and Zambia.

* * * * * * * * * *

Gugu linalomea kwa wingi kati ya mimea ya mahindi, mimea mingine inayaishi kwa muda usiozidi mwaka mmoja na nyasi za malisho katika sehemu za milima. Gugu hili linaishi kwa muda usiozidi mwaka mmoja. **Mzizi:** lina mzizi mkuu. **Shina:** husimama wima na hufikia urefu wa 2 m, ni laini na halina singa. **Majani:** yanafuatana moja baada ya moja, hufikia urefu wa 13 cm na upana wa 8 cm, kingo zake zina menomeno; vishikio urefu hufikia 5 cm. **Maua:** yana rangi ya samawati, na sehemu zake za katikati huwa nyeupe; yana upana wa 5-8 cm na huota kwenye tagaa zenye urefu upatao 2.5 cm; yanaota moja-moja kwenye makwapa ya majani yaliyo karibu na kilele cha shina; majani ya ua yenye rangi huungana pamoja na kutoa umbo la mrija, kila ua lina sehemu tano zenye mbelewele. **Tunda:** lina umbo la duara, rangi ya manjano na mbegu nyingi sana. **Mbegu:** ni nyekundu; kila mbegu ina umbo la duara lililotandazika na upana wa 1-1.5 mm. **Mtawanyiko:** kwa njia ya mbegu.

Maenezi: limeenea katika Afrika ya Mashariki (K3-5,7; T2-5; U3), kwenye sehemu zenye urefu wa 1 500-2 400 m; pia linapatikana Ethiopia, Malawi na Zambia.

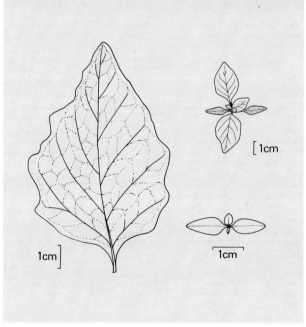

Physalis philadelphica Lam.

Solanaceae

Synonym/Kwa jina jingine: *Physalis ixocarpa* sensu auctt. (i.e. name used incorrectly by several authors)

Common names/Majina ya kawaida: ensobosobo, enyegarori (Ekegusii), purple gooseberry (E)

Trailing annual herb, spreading rapidly as a weed of arable land in the highlands. **Root:** a tap-root. **Stem:** branched. **Leaves:** opposite, ovate, up to 7 cm long and 3 cm wide, hairless, with entire or shallow wavy margins; stalk about 2.5 cm long. **Inflorescence:** flowers on stalks about 6 mm long in axils of upper leaves, pale yellow with dark centres, more than 15 mm in diameter; petals fused into a 5-lobed corolla; calyx with 5 teeth, enlarging into a nearly spherical bladder around the developing fruit. **Fruit:** a berry, purplish when mature, sticky, containing many seeds. **Seeds:** round, flattened, about 2 mm in diameter, light brown. **Propagation:** by seed.

Distribution: confined to the highlands of Kenya (K3-6).

Closely related weeds: *P. angulata* L. (annual; flowers yellow, less than 10 mm in diameter; leaves toothed; berry yellowish, not sticky); and *P. peruviana* L. (perennial, softly hairy; berry yellow-orange).

* * * * * * * * * *

Gugu linalotambaa chini, huishi kwa muda usiozidi mwaka mmoja, hutawanyika haraka katika ardhi zinazolimika kwenye sehemu za milima. **Mzizi:** lina mzizi mkuu. **Shina:** lina matawi mingi. **Majani:** huota mawili mawili, yana urefu ufikiao 7 cm na upana wa 3 cm. **Maua:** huota katika vitawi vyenye urefu upatao 6 mm kwenye makwapa ya majani ya sehemu ya juu ya shina, yana rangi ya manjano na sehemu zake za katikati huwa nyeusi, yana upana unaozidi 15 mm; majani ya ua huwa yameungana. **Tunda:** likikomaa huwa na rangi ya zambarau mbivu, linanata, lina mbegu nyingi. **Mbegu:** mviringo, bapa, karibu 2 mm ukubwa, kahawia nyepesi. **Mtawanyiko:** gugu hili hutawanyika kwa njia ya mbegu.

Maenezi: linapatikana tu katika sehemu za milima za Kenya (K3-6).

Gugu hili linafanana na: *P. angulata* L. (maua yake yana upana usiofikia 10 mm, majani yana menomeno; tunda lenye rangi ya manjano, halinati); na *P. peruviana* L. (huishi kwa muda wa miaka mingi).

Solanum incanum L.

Solanaceae

Common names/Majina ya kawaida: entengotengo (Luganda), mutongu (Kikuyu), mtula (Shambaa, Kiswahili), mtulwa (Kirabai), mtunguja mwitu (Kiswahili), ochok (Luo), omoratora (Ekegusii), sodom apple (E)

Perennial shrub, forming dense thickets in pastures where it is avoided by cattle, also in waste areas and at roadsides. **Root:** a tap-root. **Stem:** erect, branched, usually prickly, up to 1.8 m high, growing from underground rhizomes. **Leaves:** alternate, ovate to lanceolate, up to 17 cm long and 15 cm wide, with a wavy margin, more or less covered in star-shaped hairs, usually very velvety; midrib sometimes prickly. **Inflorescence:** flowers purple to blue or white, 2-3 cm in diameter, solitary or in groups of 2-5 along branches arising from internodes of the stem; petals fused into a 5-lobed corolla; calyx 5-lobed, often spiny; stamens conspicuously orange in the centre of the flower. **Fruit:** a berry, almost spherical, up to 4 cm in diameter, yellow, containing many seeds. **Propagation:** by seeds and rhizomes.

Distribution: widespread from 0-1 300 m in East Africa (K1-6; T1-8,Z; U1-4); also present in Ethiopia and Zambia.

Closely related weeds: several species are very similar in appearance to *S. incanum* but there is confusion over the differences between them. They include *S. bojeri* Dunal, *S. campylacanthum* Dunal, *S. delagoense* Dunal, *S. obliquum* Dammer and *S. panduriforme* Dunal.

* * * * * * * * * *

Solanum incanum (contd)

Gugu linaloishi kwa muda wa miaka mingi, hufanya vichaka kwenye nyasi za malisho na pia katika ardhi zisizotumiwa, kando ya barabara. **Mzizi:** lina mzizi mkuu. **Shina:** hukua kiwimawima, lina matawi yenye miiba, urefu wake hufikia 1.8 m. **Majani:** huota yakifuatana moja baada ya moja, yana urefu unaofikia 17 cm na upana wa 15 cm; pande za chini huwa zina singa singi; uchukuti wa jani huwa una miiba. **Maua:** rangi yake inaweza kuwa ya zambarau mbivu, ya samawati au nyeupe; yana upana wa 2-3 cm; huota kila ua peke yake au katika makundi ya maua mawili hadi matano, kutoka kwenye shina na matawi; sehemu zenye mbelewele zina rangi ya dhahabu nyekundu. **Tunda:** umbo lake linakaribia mviringo, kwa upana hufikia 4 cm, lina rangi ya manjano, huwa na mbegu nyingi. **Mtawanyiko:** gugu hili hutawanyika kwa njia ya mbegu na vitavi vinavyotambaa chini ya mchanga.

Maenezi: limeenea zaidi katika Afrika ya Mashariki (K1-6; T1-8,Z; U1-4), kutoka pwani hadi katika sehemu zilizo na urefu wa 1 300 m; pia linapatikana Ethiopia na Zambia.

Gugu hili linafanana na: aina nyingi zinafanana na *S. incanum* lakini kuna kutokukubaliana kuhusu tofauti halisi. Aina hizi ni pamoja na: *S. bojeri* Dunal, *S. campylacanthum* Dunal, *S. delagoense* Dunal, *S. obliquum* Dammer na *S. panduriforme* Dunal.

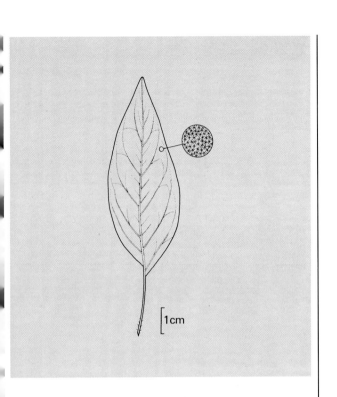

1cm

Solanum nigrum L.

Solanaceae

Common names/Majina ya kawaida: black nightshade (E), egwangira (Ateso), managu (Kikuyu), mnavu (Mbulu, Shambaa, Kiswahili), ol'momoit (Masai), osuga (Luo), rinagu (Ekegusii)

Annual herb, variable, widespread in arable and waste land. **Root:** a tap-root. **Stem:** erect, up to 60 cm high, branched, mostly hairless. **Leaves:** alternate, ovate, up to 8 cm long and 4 cm wide, with wavy, lobed margins; stalk up to 2.5 cm long. **Inflorescence:** flowers in small hanging clusters on common stalks which arise from the stem between nodes, white, 5-lobed, 5-7 mm across; stamens yellow, projecting from centre of flower. **Fruit:** a berry, spherical, fleshy, 4-6 mm diameter, black when ripe, containing many seeds. **Seeds:** flattened, 1.5 mm in diameter, finely pitted, light to dark brown. **Propagation:** by seed.

Distribution: widespread from 0-2 100 m or more in East Africa (K1-7; T1-8,Z; U1-4); also in most tropical and temperate countries.

* * * * * * * * * *

Ni gugu linaloishi kwa muda usiozidi mwaka mmoja; limeenea kwenye ardhi zinazolimika na pia ardhi zisizotumiwa. **Mzizi:** lina mzizi mkuu. **Shina:** linakua kiwimawima, kwa urefu hufikia 60 cm; lina matawi. **Majani:** yanafuatana moja baada ya moja, kwa urefu hufikia 8 cm na upana wa 4 cm; yana kingo zenye ndewe; vishikio vina urefu unaofikia 2.5 cm. **Maua:** mashada madogo yanayoning'iinia kutoka kwenye shina, ni meupe na yana ndewe 5, urefu 5-7 mm; sehemu zenye mbelewele zina rangi ya manjano na zitatokea katikati ya ua. **Tunda:** lina umbo la mviringo, upana wa 4-6 mm; linapoiva huwa jeusi; lina mbegu nyingi. **Mbegu:** ni pana (upana wa 1.5 mm) na zina rangi ya hudhurungi. **Mtawanyiko:** gugu hili linatawanyika kwa njia ya mbegu.

Maenezi: limeenea zaidi katika Afrika ya Mashariki, kutoka pwani hadi sehemu zenye urefu wa 2 100 m au zaidi (K1-7; T1-8,Z; U1-4); pia linapatikana katika sehemu nyingi za jotojoto na nchi zenye ubaridi.

1cm

1cm

5mm

Lantana camara L.

Verbenaceae

Common names/Majina ya kawaida: abelwinyo (Lango, Acholi), akayuukiyuuki (Luganda), curse of India (E), lantana (E), magwagwa (Luo), mjungwina (Shambaa), mukenia (Kikuyu), nyabend-winy (Luo), nyamridhi (Luo), omuhuuki (Ankole, Runyankore, Rukiga), omushekyera (Runyankore), tick-berry (E)

Perennial shrub forming impenetrable thickets in waste areas, abandoned cultivation, grasslands and pastures throughout the average to above-average rainfall areas of the region. It poisons cattle and provides cover for tsetse. **Stem:** erect, up to 3.6 m high, square sectioned, prickly, branched. **Leaves:** opposite, ovate, up to 8.7 cm long, with toothed margins, upper surface rough, lower surface hairy, distinctly aromatic; stalk about 1 cm long. **Inflorescence:** flower heads terminal and axillary, stalked, attractive, 2-4 cm in diameter, consisting of individual flowers which are tubular, about 1 cm long, with 4-5 irregular lobes. Varieties exist with orange, pink, red, yellow or white flowers but the most troublesome form has heads with pinkish-purple flowers around the outside and yellow flowers at the centre. **Fruit:** a drupe, spherical, 4-6 mm in diameter, green at first then becoming shiny black, usually in clusters, containing 2 seeds. **Propagation:** by seed and by rooting from lower branches.

Distribution: widespread from 5-1 800 m in East Africa (K1-7; T1-8; U1-4); also present in Ethiopia, Rwanda, Somalia and Zambia.

Closely related weed: *L. trifolia* L. (smaller than *L. camara* and without prickles; leaves in whorls of 3; flowers pink).

* * * * * * * * * * *

163

Gugu linaloishi kwa muda wa miaka mingi, linapatikana katika ardhi zisizotumiwa, ardhi zilizoachwa, na kwenye nyasi za malisho katika sehemu zenye mvua ya kadiri. Linaweza kuficha mbung'o. **Shina:** hukua kiwimawima kufikia urefu wa 3.6 m, lina pembe nne, line miiba; line matawi. **Majani:** huota yakielekeana mawili mawili, yana urefu unaofikia 8.7 cm, yana menomeno kwenye kingo zake, sehemu zake za juu zinakwaruza, sehemu zake za chini hunukia na zina singa; vishikizo vina urefu karibu 1 cm. **Maua:** huota kwenye kilele cha shina na pia kwenye makwapa ya majani, yana rangi ya kuvutia, mashada ya maua yan upana wa 2-4 cm, kila ua lina urefu upatao 1 cm. Zipo aina za gugu hili ambazo zina maua rangi kichungwa, samawi, nyekundu, njano au nyeupe lakini gugu lenye usumbufu zaidi lina maua rangi samawi-samawati kwa nje na njano sehemu ya ndani. **Tunda:** lina umbo la mviringo, line upana wa 4-6 mm, lina rangi ra kijani lakini linapokomaa huwa jeusi. **Mtawanyiko:** kwa njia ya mbegu na vipande vya miti.

Maenezi: limeenea zaidi katika ukanda wa usawa 5-1 800 m Afrika ya Mashariki (K1-7; T1-8; U1-4); pia linapatikana Ethiopia, Rwanda, Somalia na Zambia.

Gugu hili linafanana na: *L. trifolia* L. (ni dogo kuliko *L. camara* na halina miiba, maua yake ni mekundu).

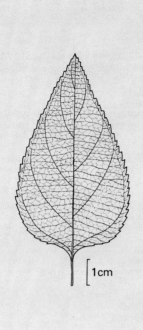

1cm

165

Tribulus terrestris L.

Zygophyllaceae

Common names/Majina ya kawaida: caltrops (E), esuguru
(Ateso), eziguru (Akaramajong), kungu (Kinyaturu), mbigiri
(Kiswahili), mbiliwili (Kiswahili), okuro (Luo), puncture vine
(E), shokolo (Kisukuma)

Annual herb, widespread in the region as a weed of annual and
perennial crops, poor grassland, waste areas and roadsides. The
spiny fruits can injure the feet of man and animals. **Root:** a long
tap-root. **Stem:** prostrate, much branched, radiating from a
central axis, up to 130 cm long, hairy. **Leaves:** opposite pairs
(one leaf smaller than the other), evenly pinnate, 3.5-7 cm long;
leaflets in 4-8 pairs, oblong-lanceolate, up to 15 mm long and 5
mm wide, borne on a hairy midrib (rhachis); stipules linear, up
to 10 mm long at base of stalk. **Inflorescence:** flowers yellow,
solitary, up to 17 mm diameter, in axils of the smaller leaves, on
a stalk which is usually shorter or of the same length as the
subtending leaf; petals 5, pale yellow, 3-12 mm long; sepals 5, 3-5
mm long, stamens 10. **Fruit:** hard, woody, breaking into 5
triangular-shaped segments, each with 2 large spines at the tip
and several smaller spines. **Propagation:** by seed.

Distribution: widespread from 75-1 500 m in East Africa (K1-4,7;
T1,3,5-7,Z; U1,3,4); also present in Ethiopia, Malawi, Rwanda,
Somalia, the Sudan and Zambia.

Closely related weed: *T. cistoides* L. (perennial or rarely annual; flower stalk longer
than the subtending leaf; flowers more than 17 mm in diameter).

* * * * * * * * * *

167

Gugu linaloishi kwa muda usiozidi mwaka mmoja, linapatikana kati ya mimea inayoishi kwa muda usiozidi mwaka mmoja na pia kati ya mimea inayoishi kwa muda wa miaka mingi, kwenye ardhi zisizotumiwa na kando ya barabara. Lina matunda yenye miiba ambayo inaweza kuzidhuru nyayo za bindamu na wanyama. **Mzizi:** lina mzizi mkuu, mrefu. **Shina:** hukua likitambaa chini, lina matawi mengi, urefu wake hufikia 130 cm, lina singa. **Majani:** huota yakielekeana manne-manne, yana urefu wa 3.5-7 cm; majani madogo yana urefu 15 mm na upana 10 mm. **Maua:** huota kila ua peke yake, yana rangi ya manjano na upana unaofikia 17 mm; kila ua lina majani matano ya ua yenye rangi ya manjano na urefu wa 3-12 mm, vijani vitano vya shikio la ua vyenye urefu wa 3-5 mm, na sehemu kumi zenye mbelewele. **Tunda:** ni gumu, lina sehemu tano, lina miiba mikubwa na midogo. **Mtawanyiko:** gugu hili hutawanyika kwa njia ya mbegu.

Maenezi: lineenea sana katika ukanda wa usawa 75-1 500 m Afrika ya Mashariki (K1-4,7; T1,3,5-7,Z; U1,3,4); pia linapatikana Ethiopia, Malawi, Rwanda, Somalia, Sudan na Zambia.

Gugu hili linafanana na: *T. cistoides* L. (linaloishi kwa muda wa miaka mingi, maua yana upana unaozidi 17 mm).

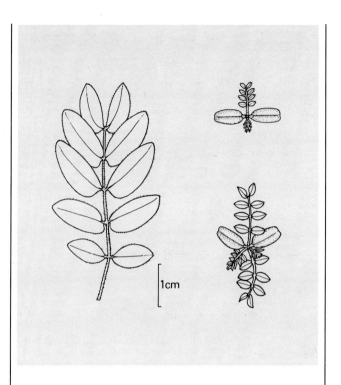

1cm

Bibliography/Maandishi mapitio

AGNEW, A.D.Q. *Upland Kenya wild flowers*. London, Oxford
1974   University Press.

BINNS, B. *A first check list of the herbaceous flora of Malawi*.
1968   Zomba, Government Printer.

BOGDAN, A.V. *A revised list of Kenya grasses*. Nairobi,
1958   . Government Printer.

DRUMMOND, R.B. *Arable weeds of Zimbabwe*. Harare,
1984   Agricultural Research Trust of Zimbabwe.

EDWARDS, S. *Some wild flowering plants of Ethiopia: an
1976   introduction*. Addis Ababa University Press.

FROMAN, B. and PERSSON, S. *An illustrated guide to the
1974   grasses of Ethiopia*. Asella, Chilalo Agricultural
           Development Unit.

HAINES, R.W. and LYE, K.A. *The sedges and rushes of East
1983   Africa*. Nairobi, East African Natural History
           Society.

HARKER, K.W. and NAPPER, D. *An illustrated guide to the
1961   grasses of Uganda*. Entebbe, Government Printer.

IVENS, G.W. *East African weeds and their control*. Nairobi,
1967   Oxford University Press.

KOKWARO, J.O. *Luo-English botanical dictionary of plant
1972   names and uses*. Nairobi, East African Pub. House.

LIND, E.M. and TALLANTIRE, A.C. *Some common flowering
1962   plants of Uganda*. London, Oxford University Press.

NAPPER, D.M. Cyperaceae of East Africa, Parts I-V. *J.E. Afr.
1963-71   Nat. Hist. Soc. and Natn. Mus.*, 24(106,109), 25(110),
           26(113), 28(124).

NAPPER, D.M. *Grasses of Tanganyika*. Dar es Salaam,
1965   Government Printer. Tanzania Ministry of
           Agriculture, Forests and Wildlife Bulletin No. 18.

POLHILL, R.M. *et al.* (eds.) *Flora of tropical East Africa*.
1952   London, Crown Agents, and Rotterdam, A.A.
           Balkema.

POPAY, A.I. and IVENS, G.W. The agrestal weed flora and
1982   vegetation of the world: East Africa. Part three, no. 31
        in *Biology and Ecology of Weeds*. The Hague, Dr W.
        Junk Publishers.

TERRY, P.J. *A guide to weed control in East African crops.*
1984   Nairobi, Kenya Literature Bureau.

VERDCOURT, B. and TRUMP, E.C. *Common poisonous plants*
1969   *of East Africa.* London, Collins.

VERNON, R. *Field guide to important arable weeds of Zambia.*
1983   Chilanga, Mount Makulu Central Research Station,
        Zambia Department of Agriculture.

Glossary of botanical terms/ Faharasa

achene	small, dry, indehiscent, one-seeded fruit
alternate	(of leaves) attached at different levels on the stem
anther	male part of the flower which bears the pollen
auricle	ear-like appendage at base of leaf or other organ
awn	fine, long bristle
axil	upper angle between a stem and an organ arising from it
axis	the main stem of an organ
berry	juicy fruit with seeds immersed in pulp
bract	a modified leaf in whose axil the branch of an inflorescence or a flower arises
bulb	a flattened stem bearing fleshy leaves, or leaf bases, with buds in their axils; an organ of storage and vegetative reproduction
calyx	outer protective envelope of a flower, consisting of sepals, usually green
capsule	dry fruit, splitting when ripe or opening by slits or pores
carpel	modified leaf forming an ovary
cleistogamous	when fertilization occurs within the unopened flowers
compound	composed of several similar parts, e.g. leaves
corolla	inner (usually coloured) envelope of the flower, consisting of petals

corymb	a more or less flat-topped inflorescence in which the branches and flower stalks start from different points but arise at the same level
decumbent	lying flat with the apex ascending
digitate	compound structure whose members arise and diverge from the same point; like fingers on a hand
drupe	a fruit containing a 'stone'
entire	having an uninterrupted margin, without teeth or lobes, e.g. leaves
filament	the stalk of a stamen
floret	a small flower
glabrous	without hairs
glume	one of a pair of bracts at the base of and enclosing the spikelet of grasses
grain	(= caryopsis) seed, usually of grasses, which remains attached to the carpel wall during development
indehiscent	not opening when ripe
inflorescence	the arrangement of flowers on a plant
keel	a projecting ridge
lanceolate	spear-shaped, several times longer than broad, tapering to a pointed apex
latex	milky sap
lemma	the outer bract of a grass floret
ligule	thin membranous appendage at top of leaf sheath in grasses
linear	long and narrow with parallel edges
mealy	resembling flour dust owing to a waxy coating
midrib	the largest vein of a leaf, running longitudinally through the middle of the leaf

node	the part of the stem from which leaves or branches arise
nut	one-seeded indehiscent fruit with a hard, dry shell
nutlet	a small nut
oblanceolate	similar to lanceolate but tapering toward the base instead of the apex
obovate	ovate with the broadest part above the middle
opposite	arising at the same node, one on either side of the stem
ovary	lower part of pistil from which the seed and fruit are formed
ovate	egg-shaped flat surface, broader end below the middle
palmate	divided into segments like the palm of a hand
panicle	an inflorescence in which the axis is divided into branches bearing several flowers
pappus	a ring of hairs or scales around the top of the fruit in Compositae
papillose	covered with small soft pimplelike protuberances
pedicel	the stalk of an individual flower in an inflorescence
perennation	survival from season to season, generally with a period of reduced activity between each season
perianth	the floral envelopes, consisting of calyx or corolla or both
petal	one of the (usually coloured) corolla leaves
petiole	the stalk of a leaf
pinnate	of a compound leaf with the leaflets arranged along each side of a common stalk
pistil	the female part of the flower
pod	a dry, indehiscent fruit, usually elongated

prickle	a sharp outgrowth from a stem or leaf, resembling a thorn but not containing woody tissue
pubescent	covered with short, soft hairs
raceme	an inflorescence in which the flowers are borne on stalks along an individual axis or common flower stalk
ray	radiating branch of an umbel
ray floret	floret at the edge of a composite flower when different from those at the centre of the flower
rhachis	the principal axis of an inflorescence or compound leaf
rhizome	a rootlike underground stem
scabrid	rough to the touch
sepal	part of the calyx, usually green and leaflike
sessile	without a stalk
sheath	lower part of a leaf enclosing the stem
siliqua	a pod divided into two cells by a thin partition, opening by two valves which fall away from a frame on which the seeds are borne
spathe	a large bract partially or entirely enclosing a group of flowers
spike	an unbranched, elongated inflorescence with sessile, or nearly sessile flowers
spikelet	a small spike with one or more flowers
stamen	the pollen-producing part of the flower
stigma	the surface of the pistil which receives the pollen
stipule	a leaflike or scalelike appendage of a leaf, usually at the base of the stalk
stolon	a modified stem creeping and rooting at the nodes

style   the portion of the pistil between the ovary and the stigma; often elongated and threadlike

tepal   a division of the perianth, sepal or petal

tuber   short, thickened part of an underground stem which produces buds and contains stored food

tubercle   a small wartlike knob

tubular floret   central floret of a composite flower head

umbel   an inflorescence in which a number of divergent flower stalks arise from the same point

valve   one of the parts produced by the splitting of a ripe capsule

Index/Kitafutia

WHERE TO PURCHASE FAO PUBLICATIONS LOCALLY

Algeria
Société nationale d'édition et de diffusion, 92, rue Didouche Mourad, Alger.

Argentina
Librería Agropecuaria S.A., Pasteur 743, 1028 Buenos Aires.

Australia
Hunter Publications, 58A Gipps Street, Collingwood, Vic. 3066; Australian Government Publishing Service, Sales and Distribution Branch, Wentworth Ave, Kingston, A.C.T. 2604. Bookshops in Adelaide, Melbourne, Brisbane, Canberra, Perth, Hobart and Sydney.

Austria
Gerold & Co., Graben 31, 1011 Vienna.

Bahrain
United Schools International, PO Box 726, Manama.

Bangladesh
Association of Development Agencies in Bangladesh, House No. 46A, Road No. 6A, Dhanmondi R/A, Dhaka.

Belgium
M. J. De Lannoy, 202, avenue du Roi, 1060 Bruxelles, CCP 000-0808993-13.

Bolivia
Los Amigos del Libro, Perú 3712, Casilla 450, Cochabamba; Mercado 1315, La Paz.

Botswana
Botsalo Books (Pty) Ltd, PO Box 1532, Gaborone.

Brazil
Fundação Getulio Vargas, Praia de Botafogo 190, C.P. 9052, Rio de Janeiro; Livraria Canuto Ltda, Rua Consolação, 348 - 2º andar, Caixa Postal 19198, São Paulo.

Brunei Darussaiam
SST Trading Sdn. Bhd., Bangunan Tekno No. 385, Jln 5/59, PO Box 227, Petaling Jaya, Selangor.

Canada
Renouf Publishing Company Ltd, 61 Sparks Street, PO Box 1008, Station B, Ottawa, Ont. KIP 5R1; Tel.: (613) 238 8985. Toll-free calis in Canada: 1-800-267-4164; Telex: 053-4936.

Chile
Librería - Oficina Regional FAO, Avda. Santa María 6700, Casilla 10095, Santiago. Teléfono: 228-80-56.

China
China National Publications Import Corporation, PO Box 88, Beijing.

Congo
Office national des librairies populaires, B.P. 577, Brazzaville.

Costa Rica
Librería, Imprenta y Litografia Lehmann S.A., Apartado 10011, San José.

Cuba
Ediciones Cubanas, Empresa de Comercio Exterior de Publicaciones, Obispo 461, Apartado 605, La Habana.

Cyprus
MAM, PO Box 1722, Nicosia.

Czechoslovakia
ARTIA, Ve Smeckach 30, PO Box 790, 111 27 Prague 1.

Denmark
Munksgaard Export and Subscription Service, 35 Nørre Søgade, DK 1370 Copenhagen K.

Dominican Rep.
Fundación Dominicana de Desarrollo, Casa de las Gárgolas, Mercedes 4, Apartado 857, Zona Postal 1, Santo Domingo.

Ecuador	Su Librería Cía. Ltda., García Moreno 1172 y Mejía, Apartado 2556, Quito.
El Salvador	Librería Cultural Salvadoreña, S.A. de C.V., 7ª Avenida Norte 121, Apartado Postal 2296, San Salvador.
Finland	Akateeminen Kirjakauppa, 1 Keskuskatu, PO Box 128, 00101 Helsinki 10.
France	Editions A. Pedone, 13, rue Soufflot, 75005 Paris.
Germany, Fed. Rep. of	Alexander Horn Internationale Buchhandlung, Friederichstr. 39, Postfach 3340, 6200 Wiesbaden.
Ghana	Fides Enterprises, PO Box 14129, Accra; Ghana Publishing Corporation, PO Box 3632, Accra.
Greece	G.C. Eleftheroudakis S.A., 4 Nikis Street, Athens (T-126); John Mihalopoulos & Son S.A., 75 Hermou Street, PO Box 73, Thessaloniki.
Guatemala	Distribuciones Culturales y Técnicas «Artemis», 5ª Avenida 12-11, Zona 1, Apartado Postal 2923, Guatemala.
Guinea-Bissau	Conselho Nacional da Cultura, Avenida da Unidade Africana, C.P. 294, Bissau.
Guyana	Guyana National Trading Corporation Ltd, 45-47 Water Street, PO Box 308, Georgetown.
Haiti	Librairie "A la Caravelle", 26, rue Bonne Foi, B.P. 111, Port-au-Prince.
Hong Kong	Swindon Book Co., 13-15 Lock Road, Kowloon.
Hungary	Kultura, PO Box 149, 1389 Budapest 62.
Iceland	Snaebjörn Jónsson and Co. h.f., Hafnarstraeti 9, PO Box 1131, 101 Reykjavik.
India	Oxford Book and Stationery Co., Scindia House, New Delhi 100 001; 17 Park Street, Calcutta 700 016; Oxford Subscription Agency, Institute for Development Education, 1 Anasuya Ave, Kilpauk, Madras 600 010.
Indonesia	P.T. Inti Buku Agung, 13 Kwitang, Jakarta.
Iraq	National House for Publishing, Distributing and Advertising, Jamhuria Street, Baghdad.
Ireland	The Controller, Stationery Office, Dublin 4.
Italy	Distribution and Sales Section, FAO, Via delle Terme di Caracalla, 00100 Rome; Libreria Scientifica Dott. Lucio de Biasio "Aeiou", Via Meravigli 16, 20123 Milan; Libreria Commissionaria Sansoni S.p.A. "Licosa", Via Lamarmora 45, C.P. 552, 50121 Florence.
Japan	Maruzen Company Ltd, PO Box 5050, Tokyo International 100-31.
Kenya	Text Book Centre Ltd, Kijabe Street, PO Box 47540, Nairobi.

Korea, Rep. of	Eulyoo Publishing Co. Ltd, 46-1 Susong-Dong, Jon-gro-Gu, PO Box 362, Kwangwha-Mun, Seoul 110.
Kuwait	The Kuwait Bookshops Co. Ltd, PO Box 2942, Safat.
Luxembourg	M. J. De Lannoy, 202, avenue du Roi, 1060 Bruxelles (Belgique).
Malaysia	SST Trading Sdn. Bhd., Bangunan Tekno No. 385, Jln 5/59, PO Box 227, Petaling Jaya, Selangor.
Mauritius	Nalanda Company Limited, 30 Bourbon Street, Port-Louis.
Mexico	Dilitsa S.A., Puebla 182-D, Apartado 24-448, México 06700, D.F.
Morocco	Librairie "Aux Belles Images", 281, avenue Mohammed V, Rabat.
Netherlands	Keesing Publishing Company B.V., Hogehilweg 13, 1101 CB Amsterdam; Post Box 1118, 1000 BC Amsterdam.
New Zealand	Government Printing Office, Government Printing Office Bookshops: 25 Rutland Street; Mail orders: 85 Beach Road, Private Bag, CPO, Auckland; Ward Street, Hamilton; Mulgrave Street (Head Office), Cubacade World Trade Centre, Wellington; 159 Hereford Street, Christchurch; Princes Street, Dunedin.
Nicaragua	Librería Universitaria, Universidad Centroamericana, Apartado 69, Managua.
Nigeria	University Bookshop (Nigeria) Limited, University of Ibadan, Ibadan.
Norway	Johan Grundt Tanum Bokhandel, Karl Johansgate 41-43, PO Box 1177, Sentrum, Oslo 1.
Pakistan	Mirza Book Agency, 65 Shahrah-e-Quaid-e-Azam, PO Box 729, Lahore 3; Sasi Book Store, Zaibunnisa Street, Karachi.
Panama	Distribuidora Lewis S.A., Edificio Dorasol, Calle 25 y Avenida Balboa, Apartado 1634, Panama 1.
Paraguay	Agencia de Librerías Nizza S.A., Casilla 2596, Eligio Ayala 1073, Asunción.
Peru	Librería Distribuidora «Santa Rosa», Jirón Apurímac 375, Casilla 4937, Lima 1.
Philippines	The Modern Book Company Inc., PO Box 632, Manila.
Poland	Ars Polona, Krakowskie Przedmiescie 7, 00-068 Warsaw.
Portugal	Livraria Bertrand, S.A.R.L., Rua João de Deus, Venda Nova, Apartado 37, 2701 Amadora Codex; Livraria Portugal, Dias y Andrade Ltda., Rua do Carmo 70-74, Apartado 2681, 1117 Lisbonne Codex.
Romania	Ilexim, Str. 13 Dicembrie No. 3-5, Bucharest Sector 1.
Saudi Arabia	The Modern Commercial University Bookshop, PO Box 394, Riyadh.

Singapore	MPH Distributors (S) Pte. Ltd, 71/77 Stamford Road, Singapore 6; Select Books Pte. Ltd, 215 Tanglin Shopping Centre, 19 Tanglin Road, Singapore 1024; SST Trading Sdn. Bhd., Bangunan Tekno No. 385, Jln 5/59, PO Box 227, Petaling Jaya, Selangor.
Somalia	"Samater's", PO Box 936, Mogadishu.
Spain	Mundi-Prensa Libros S.A., Castello 37, 28001 Madrid; Librería Agrícola, Fernando VI 2, 28004 Madrid.
Sri Lanka	M.D. Gunasena & Co. Ltd, 217 Olcott Mawatha, PO Box 246, Colombo 11.
Sudan	University Bookshop, University of Khartoum, PO Box 321, Khartoum.
Suriname	VACO n.v. in Suriname, Domineestraat 26, PO Box 1841, Paramaribo.
Sweden	Books and documents: C.E. Fritzes Kungl. Hovbokhandel, Regeringsgatan 12, PO Box 16356, 103 27 Stockholm, Subscriptions: Vennergren-Williams AB, PO Box 30004, 104 25 Stockholm.
Switzerland	Librarie Payot S.A., Lausanne and Geneva; Buchhandlung und Antiquariat Heinimann & Co., Kirchgasse 17, 8001 Zurich.
Tanzania	Dar-es-Salaam Bookshop, PO Box 9030, Dar-es-Salaam; Bookshop, University of Dar-es-Salaam, PO Box 893, Morogoro.
Thailand	Suksapan Panit, Mansion 9, Rajadamnern Avenue, Bangkok.
Togo	Librairie du Bon Pasteur, B.P. 1164, Lomé.
Tunisia	Société tunisienne de diffusion, 5, avenue de Carthage, Tunis.
Turkey	Kultur Yayinlaris-Turk Ltd, Sti., Alaturk Bulvari No.191, Kat. 21, Ankara; Bookshops in Istanbul and Izmir.
United Kingdon	Her Majesty's Stationery Office, 49 High Holborn, London WC1V 6HB (callers only); HMSO Publications Centre, Agency Section, 51 Nine Elms Lane, London SW8 5DR (trade and London area mail orders); 13a Castle Street, Edinburgh EH2 3AR; 80 Chichester Street, Belfast BT1 4JY; Brazennose Street, Manchester M60 8AS; 258 Broad Street, Birmingham B1 2HE; Southey House, Wine Street, Bristol BS1 2BQ.
United States of America	UNIPUB, PO Box 1222, Ann Arbor, MI 48106.
Uruguay	Librería Agropecuaria S.R.L., Alzaibar 1328, c.c. 1755, Montevideo.
Yugoslavia	Jugoslovenska Knjiga, Trg. Republike 5/8, PO Box 36, 11001 Belgrade; Cankarjeva Zalozba, PO Box 201-IV, 61001 Ljubljana.
Zambia	Kingstons (Zambia) Ltd, Kingstons Building, President Avenue, PO Box 139, Ndola.
Other countries	Requests from countries where sales agents have not yet been appointed may be sent to: Distribution and Sales Section, FAO, Via delle Terme di Caracalla, 00100 Rome, Italy.

printed by centrooffset , siena - italy